GROW MODEL을 활용한
트리즈코칭

박영수 지음

GS인터비전

추천의 글

4차산업혁명으로 業(업, 산업 등)의 개념이 변화하고 있다. 2016년 데미스 하사비스가 개발한 구글의 알파고가 이세돌 9단과 바둑대결에서 승리한 후 인공지능 산업이 급격히 발전하고 있다. 산업의 형태도 제조업 중심에서 서비스업 중심으로 그 가치가 전환되고 있다.

3차산업혁명에서는 제조업의 결과물인 제품 중심으로 산업이 발전하였는데 이 시기에 삼성의 TV가 소니 TV를 넘어 글로벌 넘버원이 되면서 새로운 전략적 도약단계에 접어들었다. 그 이후 삼성을 비롯한 국내 가전업체의 냉장고, 세탁기, 에어컨 등의 제품들이 대량으로 출시되면서 삼성 등 가전업체가 글로벌 기업으로 자리매김하게 되었다.

최근에는 제조업의 결과물인 제품보다 서비스업의 결과물인 서비스 매출이 증가하고 있다. 특히 금융산업의 경우에도 현금매출보다 카드매출이 증가하고 있다. 4차산업혁명이 가속화되면서 서비스산업은 더욱 발전될 것으로 보인다.

이런 변화의 저변에는 반도체가 있다. 반도체기술로 정보를 처리하는 기술과 정보를 저장하는 기술이 발전했기 때문이다. 반도체기술의 결과물은 3차산업혁명 시대에 CPU(연산 논리 단위가 한 개로 프로그램이 가능한 수준)에서 4차산업혁명 시대로 넘어오면서 GPU(연산 논리 단위가 약 2,500개로 병렬처리가 가능한 프로그램)로 발전하였고, 최근에는 TPU(연산 논리 단위가 30,000개 이상으로 병렬처리가 가능한 프로그램) 시대로 넘어가고 있다.

4차산업혁명에서 이슈가 되고 있는 인공지능, 블록체인, 클라우드, 빅데이터는 반도체기술의 발전과 더불어 더욱 진화할 것이다. 이것이 기술혁신을 통한 가치창조의 방향이 되었고, 앞으로도 그러할 것이다.

2000년 초반부터 대한민국은 급격한 기술혁신을 이루어 왔다. 대학에서는 공학인증제도를 도입하여 공대학생들이 공학 능력을 인증받아 기업에서 자신의 능력을 충분히 발휘할 수 있도록 기반을 만들어 주었다. 기업에서는 테크노 MBA를 개설하여 기업에서 필요한 신기술을 학문적으로 연구할 수 있는 기반을 마련하였다. 공공연구소에서는 기술 중심의 연구 활동으로 기술사업화를 이루어 낼 수 있었다

또한 대한민국에 적극적으로 도입된 트리즈는 삼성, LG(엘지) 등 수많은 기업에서 창의적인 전문가를 육성하면서도 실제 성과를 거두어 내는 두 마리 토끼를 잡는 결실을 이루었다. 이것이 바로 트리즈에서 추구하는 이상적인 모습이다. 바로 두 가지 상반된 결과를 모두 이루어 내는 것이다.

이때 삼성, LG(엘지) 등에서 성장한 전문가들이 (사)한국트리즈협회를 설립하고, 매월 트리즈 전문가포럼을 개최하면서 트리즈를 통해 공학 분야의 전문성을 지속적으로 유지하고, 비즈니스 등 다양한 분야로 확대 적용하고 있다.

이번에 출간되는 'GROW MODEL을 활용한 트리즈코칭'은 기술혁신 분야, 창업경영 분야, 인생심리 분야의 현장사례를 충실히 담은 책이다. 이제 트리즈는 인생심리 분야까지 확산되고 있다. 이 책을 통해 모든 분들이 창의적인 태도와 능력을 갖출 수 있기를 기대한다.

2020년 1월
(사)행복나눔125 회장
손욱

prologue

필자는 기계설계공학을 전공하였다. 기계설계는 mechanical design으로 표현한다. 기계를 디자인하는 활동을 말한다. 유럽이나 미국에서는 디자인이라고 하면 물건의 외적인 특성이나 내적인 속성을 모두 포함하여 새로운 것을 만드는 것이라고 알려져 있다. 디자인이 일반화되면서 디자인싱킹이라는 분야도 생겨났다. 디자인을 전공한 사람 입장에서 디자인싱킹은 기초적인 수준의 내용이다. 그럼에도 한국에서 디자인싱킹에 관심을 가지는 사람이 많은 것은 디자인을 해본 경험이 부족하기 때문이다. 이미 누군가가 만들어 놓은 것을 그대로 복제하여 생산하는 것과 새로운 것을 디자인하는 것은 차원이 다른 일이다. 신상품개발단계와 디자인싱킹단계를 융합하면 현실적인 아이디어를 찾아낼 수 있을 것이다. 아이디어가 현실적으로 적용될 수 있도록 하기 위해서는 공학적인 부분과 예술적인 부분이 모두 필요하다. 현실적으로 적용하기 위해서는 디자인적인 측면의 느낌과 기술적인 측면의 알고리즘이 모두 필요하기 때문이다. 이렇게 개발된 상품이 글로벌시장에서 성공하기 위해서는 현실의 벽을 몇 번 넘어야 한다. 첫 번째는 죽음의 계곡이다. 그리고 두 번째는 다윈의 바다이다. 이를 넘어가는 방법을 찾는 것이 경영학이다.

그래서 기계설계공학을 전공한 후에 경영학을 전공하였다. 경영을 management라고 표현한다. 이것을 분석하면 man+age+ment로 나타낼 수 있다. man 사람이 age 시간이 지나면서 ment 활동하는 것으로 설명할 수 있다. 경영학은 사람들이 시간에 따른 활동으로 생각할 수 있다. 시간은 눈에 보이지 않으므로 경영학은 눈에 보이지 않는 것을 보이도록 만드는 학문이다. 그래서 경영학자들은 눈에 보이는 방법으로 모델이라는 것을 사용하였다. 모델은 현실 세계를 가상세계의 모습으로 표현하는 것이다. 모델을 구성할 때는 현실 세계의 구성요소를 모아서 연결고리를 만들어서 알고리즘을 시스템화한다. 시간에 따른 활동을 표현하기 위해서 IT 기술을 활용한다. IT 기술을 활용하여 현실 세계의 모습을 가상세계로 구현하고 가상세계의 알고리즘으로 현실 세계를 제어하는 것이 이상적인 모습이다. 현실적인 기계장치를 만들어서 제어기로 컨트롤 하는 시대가 왔다. 아직 일반화되지는 않았지만 조만간 이런 시대가 올 것이다. 다리가 약한 사람에게 자동 인공관절을 부착하여 사람의 다리 근력을 강화시키는 좋은 기술이 개발되었다고 생각해보자. 어느 날 자동 인공관절을 개발한 회사에서 인공관절을 부착한 사람의 다리를 자동으로 조정한다고 생각하면 어떤 일이 발생할 것인가? 다리는 사람이 제어하고, 자동 인공관절은 개발회사에서 제어한다면 어떻게 될 것인가? IT와 기술과 경영을 융합하면 이런 상황이 만들어질 수도 있다.

이러한 고민으로 동양철학을 전공하게 되었고 보다 인간적인 측면에서 기술과 경영을 고민할 필요가 있다고 생각한다. 동양철학과 서양철학의 공통점과 차이점은 무엇인지 고민해 보았다. 가장 기본적인 접근에서 출발해 보았다. 서양에서는 엠페도클레스의 4원소설부터 생각해보았다. 4 원소는 물, 불, 공기, 흙이다. 동양에서는 추연의 오행설부터 생각해보았다. 오행은 나무, 불, 흙, 금속, 물이다. 서양의 4 원소는 물질의 존재에서부터 출발한다. 그래서 향후 돌턴의 원자론으로 발전하고 양자역학으로 발전하게 된다. 물질연구로 시작해서 물질연구로 진행되어 현재는 빅뱅까지 연구되어 있다. 동양의 오행은 중국의 최초의 통일국가라고 하는 진나라의 건국에 영향을 미친다. 목은 토를 극하고, 토는 수를 극하고, 수는 화를 극하고, 화는 금을 극하고, 금은 목을 극한다. 그 후 조직의 관계에서 개인 관계로 발전하게 된다. 개인 관계로 발전하면서 극의 관계에서 생의 관계로 발전하게 된다. 목은 화를 생하고, 화는 토를 생하고, 토는 금을 생하고, 금은 수를 생하고, 수는 목을 생한다. 동양의 오행은 물질의 상태에서 출발하여 사람의 정신세계로 발전하게 된다. 최근 이러한 방향을 이해한 사람들이 서양의 물질세계와 동양의 정신세계를 융합한 결과들을 만들어 내고 있다. 2500여 년간 서로 다른 방향으로 발전해온 방식을 극단에서 융합하려는 시도들이 다양한 곳에서 이루어지고 있다. 이러한 상황이 바로 CPS(Cyber-Physical-Systems)로 나타나고 있다. 사이버 물리 시스템은 사이버 시스템과 물리적 시스템을 통칭하는 의미이다. 원리를 생각하면 서양의 물질시스템과 동양의 정신 시스템이 IT 기술로 융합하는 것으로 생각할 수 있다.

필자는 자신의 정체성을 확보하고 조직의 목적성을 갖기 위해서 다양한 이론이나 사례들을 연구하였으며 그 결과 트리즈코칭이라는 책을 집필하기에 이르렀다. 필자가 10년 전에 책을 집필할 때에는 엘지그룹에서 프로젝트 한 경험을 바탕으로 어떻게 하면 일을 잘할 것인가를 생각하면서 '생각에 날개를 달자'라는 책을 집필하게 되었다. 이번에 집필한 '트리즈코칭'은 엘지그룹 외에 중앙정부의 각 부처에서 프로젝트한 경험과 중소기업 프로젝트 경험, 그리고 개인 코칭의 경험들을 모아서 책으로 출간하게 되었다.

이 책의 주요 내용을 보면

1장 위기극복을 위한 트리즈코칭이다. 지금은 4차산업혁명 시대이다. 1차산업혁명, 2차산업혁명, 3차산업혁명, 4차산업혁명으로 발전하는 과정에서 시스템이 어떻게 변화해 왔으며, 우리는 어떻게 살아야 하는지 방향을 제시하고 있다.

2장 기술혁신 분야 트리즈코칭이다. 기술혁신 분야에서 원하는 것은 무엇인지, 기술혁신 분야에서 원하는 해결하는 방법은 무엇인지를 확인한다. 그리고 10가지의 기술혁신 분야 트리즈코칭 사례를 제시하였으니 자신의 분야에 맞도록 응용하면 되겠다. 기술혁신 분야는 트리즈(TRIZ)의 이론을 바탕으로 기술과제 해결 프로젝트를 중심으로 작성하였다.

3장 창업경영 분야 트리즈코칭이다. 창업경영 분야에서 원하는 것은 무엇인지, 창업경영 분야에서 원하는 해결하는 방법은 무엇인지를 확인한다. 그리고 10가지의 창업경영 분야 트리즈코칭 사례를 제시하였으니 자신의 분야에 맞도록 응용하면 되겠다. 창업경영 분야는 티오시(TOC)의 이론을 바탕으로 기업 경험과 청년창업사관학교에서 창업자들에게 교육과 코칭을 하면서 체득한 내용을 중심으로 작성하였다.

4장 인생심리 분야 트리즈코칭이다. 인생심리 분야에서 원하는 것은 무엇인지, 인생심리 분야에서 원하는 해결하는 방법은 무엇인지를 확인한다. 그리고 10가지의 인생심리 분야 트리즈코칭 사례를 제시하였으니 자신의 분야에 맞도록 응용하면 되겠다. 인생심리 분야는 엔엘피(NLP)의 이론을 바탕으로 개인 및 조직 코칭을 하면서 체득한 내용을 중심으로 작성하였다.

5장 트리즈코칭 7W 질문모델이다. 우리는 일상적인 상황을 육하원칙으로 설명하면 이해하기 쉽다. 에세이나 뉴스를 읽을 때도 육하원칙을 알면 이해도를 높일 수 있다. 그래서 육하원칙을 활용하여 7W 질문모델을 만들었다. 7W 질문모델은 Who, When, Where, What, Way, Why, Well이다. 코칭에 대해서는 1장에서 소개를 했으므로 주로 트리즈에 대해서 설명한다. 트리즈를 활용하는 사람이라면 7W 질문모델을 사용하여 다른 사람들에게 설명할 때 사용하면 도움이 될 것이다.

알트슐러는 1926년에 태어나서 20세인 1946년에 트리즈를 창안하였다. 그리고 59세인 1985년에 트리즈를 후배들에게 지식 이전하고 63세인 1989년에 러시아트리즈협회 회장이 되었다. 그 후 72세인 1998년에 세상을 떠났다. 알트슐러의 인생을 생각하면서 나는 20세에 무엇을 하였는가? 앞으로는 어떻게 살 것인가? 그리고 언제 세상을 떠날 것인가?를 생각하게 한다.

2020년 1월
(사)한국트리즈협회 회장
박영수

contents

위기극복을 위한 트리즈코칭

1. 위기를 극복하기 힘든 이유는?

세상을 살아가면서 누구나 어려운 일을 한 번씩은 겪을 것이다. 아니 수십, 수백 번 이상 겪을 것이다. 누구나 세상의 쉬운 일을 할 때는 생각 하지 않는다. 걸어갈 때 어떻게 걸어갈지를 생각하지도 않고, 화가 날 때 어떻게 화가 나는지도 생각하지 않는다.

그러나 복잡한 상황이 생기면 그 상황이 어떻게 생겼는지를 생각하게 된다. 화가 나서 어려운 일이 생기면 왜 화가 났는지를 생각하게 된다.

여기서 우리는 어떤 때는 생각을 안 해도 되고, 어떤 때는 생각을 해야 하는지를 결정하기가 너무 어렵다는 것을 안다.(직감적으로 아는 사람도 있고, 직관적으로 아는 사람도 있다.)

이런 어려운 상황이 생겼을 때 사람들은 일반적으로 무슨 일이 있었는지를 나열하게 된다. 학교에서 수업을 받을 때도 어떤 종류를 나열하라는 얘기를 많이 들었고, 실제 시험에서도 주관식 문제로 '나열하시오' '서술하시오'라는 문제가 많이 출제되었다. 물론 이러한 문제도 어려운 문제이다. 대부분은 평가의 공정성과 채점의 용이성을 위해 사지선다형 문제를 많이 내고 있는 것이 현실이다.

필자가 기업에서 팀장을 대상으로 코칭을 하면서 현장에 나타나는 팀장의 고민이 무엇인지를 질문해 보았다. 현장의 일이라는 것이 PDCA(Plan, Do, Check, Act)사이클로 진행되는 것이 일반적이다. 팀장의 업무라는 것은 주로 PDS(Plan, Do, See)의 사이클로 진행된다. 연초에 목표를 수립하여 업무계획을 세우고, 상반기가 끝날 즈음에 중간점검을 하고, 연말에 업적평가 하는 일이다. 과거에는 1년 단위로 목표를 세우고 평가를 하였다면, 최근에는 수시로 계획을 변경하고 평가하는 수시평가 체계가 도입되고 있다. 이때 팀장의 역할은 본인도 성과를 내야 하지만, 팀원들이 성과를 내도록 지원하는 일이 중요한 역할이다. 필자는 마스터 코치로 팀장들이 팀원들에게 코칭을 잘 할 수 있도록 팀장을 코칭 하는 활동을 많이 해왔다. 팀장들의 고민 중에 몇 가지를 나열식으로 정리해 보았다. 팀장 입장에서의 고민인데 이것을 역으로 생각하면 팀원들의 고민이 될 수 있다.

- 본인도 조직에 불만이 있는데, 팀원의 불만을 무마시켜야 한다.
- 자신의 상황만 자꾸 어필하는 팀원이 있다.
- 자신의 의사 표현을 안 해서 진심을 파악하기 어렵다.

- 자신의 단점을 피드백해도 잘 수용하지 못한다.
- 시키는 일만 하고 스스로 생각을 하지 않는 팀원이 있다.
- 개인적 성향이 강해 조직에 융화하기 어려운 팀원이 있다.
- 경력은 많아지는데 승진에서 계속 탈락하는 팀원이 있다.
- 해야 할 일은 많은데, 회의가 많아서 업무가 늦어진다.
- 기간 내 업무를 끝내야 하는데도 퇴근 시간에 어김없이 바로 퇴근하는 팀원이 있다.
- 부정적 피드백 후에 어색한 분위기를 풀기 어렵다.

제조업의 경우에는 일반적으로 4가지 조직을 가지고 있다. 4가지 조직을 암기하기 쉽도록 하기 위해서 MPRS(엠피알에스)라고 하면 된다. Marketing(마케팅), Production(생산), Research & Development(연구개발), Stsff(경영지원)으로 표현된다. 마케팅은 대기업은 영업과 마케팅으로 구분되어 있고, 중소기업은 영업으로 조직되어 있는 경우가 많다. 생산은 대기업은 생산, 생산기술, 품질, 구매 등으로 구분되어 있으나, 중소기업은 생산으로 조직되어 있는 경우가 많다. 연구개발은 대기업은 연구소와 설계실 등으로 구분되어 있지만, 중소기업은 연구소로 조직되어 있는 경우가 많다. 경영지원은 대기업은 전략, 재무회계, 법무, 인사, 정보 등으로 구분되어 있으나 중소기업은 경영지원으로 조직되어 있는 경우가 많다. 대기업의 문제를 표현할 경우 너무 많은 상황이 발생하므로 중소기업을 대상으로 4개의 부문에서 어떤 문제가 있는지를 살펴보자.

먼저, 영업의 상황이다

- 인센티브가 없다
- 출장 갈 때 차량 지원이 안된다
- 조직간 소통이 원활하지 않다
- 직무교육이 거의 없다
- 회사의 성장 속도가 느리다.
- 출장지 거리가 너무 멀다
- 업무 시간이 과도하다
- 회의가 많다
- 그룹웨어가 너무 느리다
- 실적을 피드백할 수 있는 시스템이 부족하다

생산의 상황이다.

- 외부에 방치되어 있는 부품이 있다
- 수입검사 대기실이 어둡다
- 회의시간에 장소가 부족하다
- 생산 지그(jig)가 잘 안 맞다
- 제조라인에 청소상태가 불량하다
- 검사 성적서가 인덱스(index) 되어 있지 않다
- 불량품 테그(tag)가 없다
- 서류들을 파일로 관리하고 있다
- 퇴근 차량 수용인원이 적다
- 조회시간에 잘 안 들린다

개발의 상황이다.

- 보유기술이 한정적이다
- 스터디가 필요한 연구지원이 없다
- 전문인력이 부족하다
- 상하 간 소통이 부재하다
- 조직이 침체되어 있다
- 산학협력 사업이 없다
- 공식적인 연구문서가 부족하다
- 연구보다 생산지원이 많다
- 조직 내 힘이 없다
- 팀원 간에 협력이 없다

경영지원의 상황이다.

- 이직률이 높다
- 업무가 중복되어 있다
- 갑작스러운 행사가 많다
- 휴게공간이 부족하다
- 전문인력이 부족하다
- 조직 내 소통이 부족하다
- 소모품도 기록해야 되어서 잔일이 많다
- 근무시간이 길다
- 청소도 직원들이 직접 한다
- 출퇴근 시 교통이 불편하다

4개의 부문별로 문제를 나열했으면 우선순위를 정해서 어떤 상황인지를 확인하는 것이 일반적이다. 지금까지 회사를 운영해 왔던 경영자들이 이렇게 해왔다. 다른 방법은 생각해 보지도 않았다. 필자가 컨설팅한 대부분의 기업이 이런 수준이었다.

이러한 나열식의 수준을 넘어서 표현하는 고급스러운 방식이 2가지 있다. 하나는 상관관계이고, 또 다른 하나는 인과관계이다. 필자는 이런 나열식으로 상황을 파악하는 조직에서 상관관계와 인과관계로 상황을 파악하는 방법을 전수하고 있다.

첫째, 상관관계이다. 상관관계는 주로 경영학에서 많이 사용하는 방법이다. 여러 가지의 구성요소들 간에 관계가 있다는 것을 검증한다. 이를 통계적으로 검증하기 위해서는 상관분석을 한다. 그리고 -1과 1 사이의 관계로 표현한다. -1은 역의 상관관계를 표현하고, 1은 정의 상관관계를 표현한다. 상관관계는 주로 수평적 관계를 표현한다.

상관관계는 다양하게 표현할 수 있지만 가장 쉽게 접할 수 있는 두 가지 개념 간의 관점에서 상관관계 사례를 나열해 보면 다음과 같다.

- 사과 vs 배
- 하늘 vs 땅
- 남자 vs 여자
- 이성 vs 본능
- LPG vs LNG
- 개 vs 고양이
- 해 vs 달
- 정신 vs 물질
- 노동 vs 휴식
- 빛 vs 어둠
- 책상 vs 의자
- 낮 vs 밤
- 좌뇌 vs 우뇌
- 현실 vs 가상
- 물 vs 불

여러분도 상관관계 사례를 적어보시기 바랍니다. 많이 있겠지요.

상관관계진단의 대표적인 사례로 엠비티아이(MBTI, Myers Briggs Type Indicator)진단을 생각할 수 있다. MBTI는 마이어스(Myers)와 브릭스(Briggs)가 심리학자인 칼 융의 심리유형론을 토대로 연구한 자가진단 심리유형 도구이다.

물리학을 전공한 브릭스가 사람들의 성격특성을 귀납적으로 분석하여 정리를 하였는데, 그것을 딸인 마이어스가 심리학을 전공하면서 칼 융의 심리 유형론과 융합하여 진단지로 개발하여 신뢰도와 타당도를 검증하면서 MBTI는 전 세계적으로 활용되고 있다. 아주 간단한 질문으로 여러분 스스로 자신의 성격을 파악해 보기 바란다. MBTI에 대한 자세한 내용이나 교육은 (주)한국MBTI연구소에서 알아보면 된다. 한국MBTI연구소는 심혜숙 교수와 김정택 교수께서 운영하는 한국판 MBTI 저작권과 전문교육에 대한 권리를 갖고 있는 조직이다(www.mbti.co.kr). 한국판 MBTI 출판은 (주)어세스타에 위임하고 있다. 그리고 한국심리유형학회는 MBTI를 학문적으로 연구하는 조직이다. (주)한국MBTI연구소, (주)어세스타, 한국심리유형학회는 상호 보완적이면서도 협력적인 관계를 유지하면서 한국에 MBTI를 확산하는 중요한 역할을 하고 있다.

다음의 4가지 질문을 통해 스스로 답해 보기 바란다.

외향(Exterversion) vs 내향(Introvertion) : (E)외부활동중심 vs (I)내부활동중심
감각(Sensing) vs 직관(Intuition) : (S)일관성과 실용성 vs (N)다양성과 가능성
사고(Thinking) vs 감정(Feeling) : (T)객관적인 진실 vs (F)조화로운 관계
판단(Judging) vs 인식(Perceiving) : (J)변화통제력 vs (P)변화개방성

위의 4가지 상황에 대해서 본인의 성격유형을 간단히 진단해 볼 수 있다.

E와I 중에 어느 쪽이 더 사용빈도가 더 높은가?
S와N 중에 어느 쪽이 더 사용빈도가 더 높은가?
T와F 중에 어느 쪽이 더 사용빈도가 더 높은가?
J와P 중에 어느 쪽이 더 사용빈도가 더 높은가?

MBTI를 진단할 때 먼저 인식해야 할 것이 있다. 위의 4가지를 확인할 때 자신의 손가락으로 깍지를 껴보자. 깍지를 끼게 되면 양쪽 엄지손가락 중 한 개가 위로 올라오게 된다. 왼쪽이 올라올 수도 있고, 오른쪽이 올라올 수도 있다. 어느 쪽이 올라오든지 자신의 심리적 선호도에 따라 위로 올라오는 것이다. 위로 올라오는 손이 자신의 심리적 선호도를 잘 나타낸다고 할 수 있다. 성격도 유사한 관점이 있어서, 둘 중 어느 쪽이 자신의 심리적 선호도를 잘 나타내는지를 보고 판단하면 된다.

외향형인 사람은 주로 말을 선호하고, 내향형인 사람은 주로 글을 선호하는 경향이 있다.
감각형인 사람은 현실 세계를 선호하고, 직관 형인 사람은 가상세계를 선호한다.
사고형인 사람은 논리성을 선호하고, 감정형인 사람은 인간관계를 선호한다.
판단형인 사람은 고정적인 것을 선호하고, 인식형인 사람은 변동적인 것을 선호한다.

4가지 요소를 조합하면 자신의 성격유형을 이해하는 데 도움이 된다. 4가지 요소를 매트릭스로 분석하면 4x4로 계산하여 16개의 유형이 나타난다.

<MBTI 유형 매트릭스>

ISTJ 세상의 소금형	ISFJ 임금뒷편의 권력형	INFJ 예언자형	INTJ 과학자형
ISTP 백과사전형	ISFP 성인군자형	INFP 잔다르크형	INTP 아이디어 뱅크형
ESTP 수완좋은 활동가형	ESFP 사교적인 유형	ENFP 스파크형	ENTP 발명가형
ESTJ 사업가형	ESFJ 친선도모형	ENFJ 언변능숙형	ENTJ 지도자형

제가 관찰하여 분석해 보았을 때 노무현 대통령은 ENTP, 박근혜 대통령은 INTJ, 문재인 대통령은 INTP 등으로 분석할 수 있다. 물론 좀 더 정확하게 진단하려면 MBTI 전문기관에서 진단하는 것이 바람직하다. 요즘은 대학이나 고등학교에서도 무료로 진단하는 곳이 많아지고 있다.

이렇게 하여 자신의 성격유형을 이해했으면 구글(www.google.com)에서 자신의 성격유형을 입력하면 성격, 매력, 남자, 여자, 직업 등 다양한 관점에서 자신과 타인을 이해할 수 있는 정보를 확인할 수 있다.

MBTI를 설명한 이유는 개인의 상황이나 조직의 상황에서 인성을 고려해야 하기 때문이다. 인성은 인간의 성격을 말하며, 사람들이 어떤 일을 하더라도 공통적으로 나타나는 것이다. 위에서 언급한 팀장들의 고민을 상관관계로 분석해 보자.

① 본인도 조직에 불만이 있는데, 팀원의 불만을 무마시켜야 한다
② 자신의 상황만 자꾸 어필하는 팀원이 있다
③ 자신의 의사 표현을 안 해서 진심을 파악하기 어렵다
④ 자신의 단점을 피드백해도 잘 수용하지 못한다
⑤ 시키는 일만 하고 스스로 생각을 하지 않는 팀원이 있다
⑥ 개인적 성향이 강해 조직에 융화하기 어려운 팀원이 있다
⑦ 경력은 많아지는데 승진에서 계속 탈락하는 팀원이 있다

⑧ 해야 할 일은 많은데, 회의가 많아서 업무가 늦어진다
⑨ 기간 내 업무를 끝내야 하는데도 퇴근 시간에 어김없이 바로 퇴근하는 팀원이 있다.
⑩ 부정적 피드백 후에 어색한 분위기를 풀기 어렵다

<팀장의 고민 간의 상관관계>

	①	②	③	④	⑤	⑥	⑦	⑧	⑨	⑩
①		O				O	O	O	O	
②	O			O		O	O	O		
③				O			O			O
④	O	O				O				
⑤			O				O	O		O
⑥	O			O					O	
⑦	O	O		O						
⑧	O	O	O	O	O	O				O
⑨		O				O		O		O
⑩	O	O		O	O	O		O	O	

이렇게 상관관계로 표현을 하면 어떤 부분이 중요한지를 한 눈에 알아볼 수 있다. 목소리 큰 사람이 중요하다고 얘기하기보다는 좀 더 객관적인 시각에서 영업의 상황을 바라볼 수가 있다. 가장 관계가 많은 항목이 '⑧해야 할 일은 많은데, 회의가 많아서 업무가 늦어진다' '⑩부정적 피드백 후에 어색한 분위기를 풀기 어렵다'와 '④자신의 단점을 피드백해도 잘 수용하지 못한다''⑥개인적 성향이 강해 조직에 융화하기 어려운 팀원이 있다'의 상관관계가 높다는 것을 알 수 있다. 여러분이라면 어떻게 코칭할 것인가를 고민해 보세요.

다시 기업의 사례로 돌아가 보자.

먼저, 영업의 상황이다. 10가지의 상황으로 매트릭스를 그려본다. 그러면 각각의 상황에서 대비되는 관계를 표현할 수 있다. 영업의 상황을 1번부터 10번까지 항목을 그대로 적고 관계를 표시한다. 관계가 있는 것만 'O'로 표시한다. 이렇게 표현하면 상관관계를 가장 낮게 표현한 것이 된다. 상관관계를 좀 더 수준 높게 표현하려면 통계를 활용하면 된다. 통계를 활용하려면 10가지 항목별로 데이터를 모아야 한다. 여기에서는 현장에서 사용하기 쉽

도록 O, X로 표현하고자 한다.

다음의 10가지 영업의 상황에 대해 상관관계 매트릭스를 작성해 보면 다음과 같다.

① 인센티브가 없다
② 출장지 거리가 너무 멀다
③ 출장 갈 때 차량 지원이 안 된다
④ 업무시간이 과도하다
⑤ 조직간 소통이 원활하지 않다
⑥ 회의가 많다
⑦ 실적을 피드백할 수 있는 시스템이 부족하다
⑧ 그룹웨어가 너무 느리다
⑨ 회사의 성장 속도가 느리다
⑩ 직무교육이 거의 없다

<영업부문의 상관관계>

	①	②	③	④	⑤	⑥	⑦	⑧	⑨	⑩
①				O	O	O	O			
②			O	O	O					
③		O		O	O		O			
④	O	O	O		O	O	O	O		O
⑤		O	O	O		O	O	O	O	O
⑥				O	O		O	O	O	O
⑦	O			O	O	O		O		O
⑧				O	O		O			
⑨	O				O		O			O
⑩	O	O		O	O	O	O		O	

앞 팀장들의 고민에서 보았듯이 상관관계로 표현을 하면 어떤 부분이 중요한지를 한 눈에 알아볼 수 있다. 목소리 큰 사람이 중요하다고 얘기하기보다는 좀 더 객관적인 시각에서 영업의 상황을 바라볼 수가 있다. 가장 관계가 많은 항목이 '④업무시간이 과도하다'와 '⑤조직간 소통이 원활하지 않다'로 나타났다. 그러면 영업의 실적을 높이려면 업무시간의

생산성이 필요할 것이다. 또한, 조직 간 소통을 원활하게 하는 방법이 필요하다. 이 조직의 경우에는 조직 간 소통을 원활하게 하기 위해서 전사원 교육을 실시하였다.

생산, 연구, 경영지원은 여러분들이 작성해 보기 바란다.

둘째, 인과관계이다. 인과관계는 주로 과학에서 많이 사용하는 방법이다. 어떤 결과가 생기면 반드시 원인이 있다는 것을 검증한다. 이를 통계적으로 검증하기 위해서는 주로 회기분석을 사용한다. 그리고 방정식을 사용하여 관계를 표현한다. 인과관계는 주로 수직적 관계를 표현한다.

인과관계는 일원적 인과관계와 다원적 인과관계로 분류할 수 있지만 가장 쉽게 접할 수 있는 두 가지 개념 간의 관점에서 원인과 결과의 관계를 나열해 보면 다음과 같다.

부모 → 자식
구름 → 비
식유 → LPG
강 → 바다
재료 → 제품

여러분도 인과관계 사례를 적어보시기 바랍니다. 많이 있겠지요.

팀장의 경우에 10가지 항목 간에 어떤 인과관계가 있을까요?

① 본인도 조직에 불만이 있는데, 팀원의 불만을 무마시켜야 한다
② 자신의 상황만 자꾸 어필하는 팀원이 있다
③ 자신의 의사 표현을 안 해서 진심을 파악하기 어렵다
④ 자신의 단점을 피드백해도 잘 수용하지 못한다
⑤ 시키는 일만 하고 스스로 생각을 하지 않는 팀원이 있다
⑥ 개인적 성향이 강해 조직에 융화하기 어려운 팀원이 있다
⑦ 경력은 많아지는데 승진에서 계속 탈락하는 팀원이 있다
⑧ 해야 할 일은 많은데, 회의가 많아서 업무가 늦어진다
⑨ 기간 내 업무를 끝내야 하는데도 퇴근 시간에 어김없이 바로 퇴근하는 팀원이 있다.
⑩ 부정적 피드백 후에 어색한 분위기를 풀기 어렵다

<팀장의 고민 간의 인과관계>

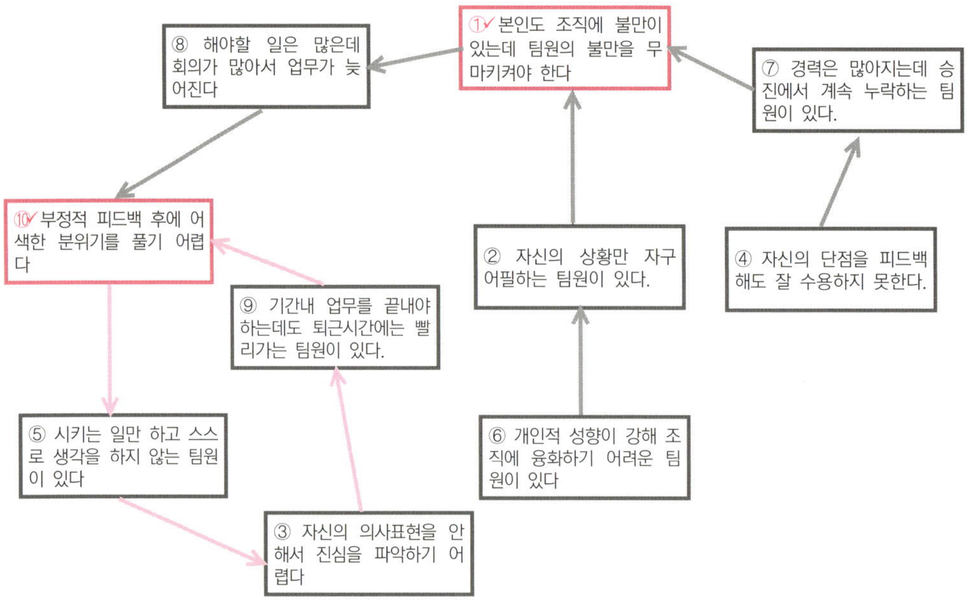

인과관계분석을 하면 '①본인도 조직에 불만이 있는데, 팀원의 불만을 무마시켜야 한다', '⑩부정적 피드백 후에 어색한 분위기를 풀기 어렵다'는 문제가 중요하다는 것을 알 수 있다. 처음에 나열식으로 정리한 것과 상관관계를 분석한 것과 인과관계를 분석한 것을 비교해 보면 ③, ⑤, ⑨, ⑩번 간에 인과관계 사이클이 형성된다는 것이다. 이런 상황을 '부정적 인과고리'라고 한다. 이때에는 ③, ⑤, ⑨, ⑩번 중의 하나를 끊어 버리면 해결되는 경우가 많다. 여러분이 코치라면 몇 번째 인과고리를 끊을 것인가? 인과고리와 근본 원인으로 공통적으로 적용되는 것이 '⑩부정적 피드백 후에 어색한 분위기를 풀기 어렵다는 것이다.' 이 부분이 현재 팀장의 긍정적 행동을 가로막고 있는 원인이라고 생각한다. 그러면 어떻게 하면 되겠는가? 원인을 알면 쉽게 해결될 수 있다. 이런 경우에 해결하는 방법으로 필자는 기아자동차 프로젝트를 하면서 팀장들의 '조회운영가이드100'을 개발한 적이 있다. 팀장들이 어색한 분위기를 긍정적으로 변화시키기 위한 100가지 아이디어를 가이드로 제작하여 코칭한 적이 있다.

다시 기업의 사례로 돌아가 보자.

먼저, 영업부문에서 10가지의 상황을 인과관계로 작성해 보자. 10가지 각각의 항목이 어떻게 발생 되었는지 순서를 작성해 보는 것이 인과관계이다.

다음의 10가지 영업의 상황에 대해 인과관계를 작성해 보면 다음과 같다.

① 인센티브가 없다
② 출장지 거리가 너무 멀다
③ 출장 갈 때 차량 지원이 안 된다
④ 업무 시간이 과도하다
⑤ 조직간 소통이 원활하지 않다
⑥ 회의가 많다
⑦ 실적을 피드백할 수 있는 시스템이 부족하다
⑧ 그룹웨어가 너무 느리다
⑨ 회사의 성장 속도가 느리다
⑩ 직무교육이 거의 없다

인과관계 분석을 하면 '④업무 시간이 과도하다', '⑤조직간 소통이 원활하지 않다', '⑥회의가 많다'라는 문제가 중요하다는 것을 알 수 있다. 처음에 나열식으로 정리한 것과 상관관계를 분석한 것과 인과관계를 분석한 것을 비교해 보면 유사하면서도 독특한 의미를 찾을 수가 있을 것이다. 이번 영업부문의 사례를 인과관계에서 좀 더 면밀히 분석해 보면 업무시간이 과도하다는 결론의 원인은 회의가 많다는 것이다. 회의가 많다는 결론의 원인은 조직간 소통이 원활하지 않다는 것이다. 조직간 소통이 원활하지 않은 결과의 원인은 실적을 피드백할 수 있는 시스템이 부족하다는 것이다. 실적을 피드백할 수 있는 시스템이 부족하다는 결과의 원인은 그룹웨어가 너무 느리다는 것이다.

인과관계를 분석한 결과로 보면 이 조직은 실적을 피드백할 수 있는 시스템을 개선하여 그룹웨어의 속도를 향상하는 솔루션이 필요하다는 것을 알 수 있다. 실제로 연말 회계분석 결과는 해가 바뀐 연초 2개월이 지나야 손익계산서를 부서에서 받아볼 수가 있고, 매월 결산은 익월 2주가 지나야 회계 정보를 부서에서 확인할 수가 있는 상황이다. 현재 한국의 중소기업의 데이터처리량은 증폭하였는데도 불구하고, 중소기업은 아직 수작업 또는 엑셀로 데이터를 처리하고 있다.

<영업부문의 인과관계분석>

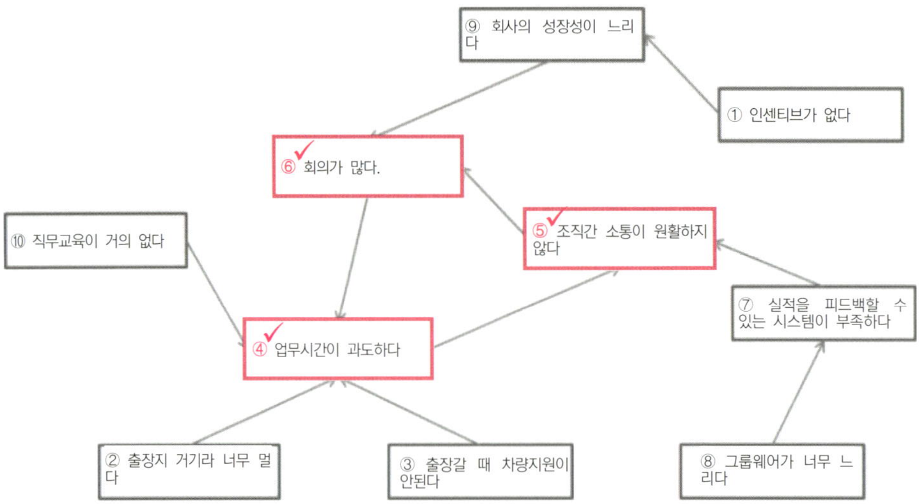

물질세계와 정보 세계의 관계가 변화되고 있다. 과거에는 물질세계를 중심으로 산업이 발달하였기 때문에 눈에 보이는 물질을 처리하는 데는 현장 중심의 업무처리가 정답이었을 것이다. 그리고 눈으로 물질의 양을 보고 처리하면 되었기 때문에 전표처리도 가능했을 것이다. 물질세계와 정보 세계는 항상 같이 이동하였지만, 물질의 양이 최근에 기하급수적으로 증가하였기 때문에 과거의 나열식 방법으로는 상황을 분석하는 데 한계가 생겼다.

이제는 정보 세계가 물질세계를 앞질러 가는 시대로 변했기 때문에 물질과 정보의 관계를 눈으로 확인하기 어렵다. 그러므로 정보 세계에 대한 새로운 접근이 필요하다. 위의 사례에서 영업, 생산, 개발, 경영지원의 각각의 상황이 10개씩 40개의 데이터가 있다. 이 40개의 데이터를 나열식으로 정리하고, 상관관계를 분석하고, 인과관계를 분석한다면 너무 복잡하여 사람의 눈으로는 읽기가 어려울지도 모른다. 물론 타고 난 천재들은 이런 복잡한 상황에서도 핵심을 찾아내는 능력이 있을 것이다. 일반적인 능력을 갖춘 사람은 데이터가 10개만 넘어가도 전체적으로 이해하는데 어려움을 느낀다. 필자가 각 부문의 데이터를 10개씩 적은 이유이기도 하다. 10개의 데이터를 한 번에 이해하는 능력은 지적능력이 뛰어나다는 얘기다. 그러면 40개의 데이터를 한 번에 읽고 전체를 이해할 수 있겠는가? 일반인으로서는 어려운 일이다. 40개의 데이터가 아니라 400개, 4,000개, 40,000개, 400,000개, 의 데이터가 증가한다면 감당이 되겠는가?

이런 많은 데이터를 빅데이터라고 하고, 빅데이터는 이제 조직에서는 일상이 되고 있다. 위의 40개의 상황을 빅데이터로 분석해 보자. 그러면 종합적인 상황을 파악하는 데 도움이 될 것이다.

<영업, 생산, 개발, 경영지원부문의 빅데이터 분석>

4개 부분을 종합적으로 빅데이터로 분석해 보니 전문인력, 소통, 조회시간, 청소 등의 키워드의 빈도수를 한 번에 알 수 있다. 통찰력을 가진 탁월한 조직의 대표나 임원들이 조직의 상황을 한 번에 파악하던 시대에 이런 능력을 갖춘 분들이 있었을 것이다. 지금도 이런 분들이 있을 것이다. 그러나 빅데이터 기법을 활용하면 누구나 통찰력을 갖고 조직의 상황을 파악할 수 있는 있을 것이다. 필자는 그 조직에서 근무한 적도 없지만 한 번에 그 조직의 상황을 알 수 있다.

지금까지 나열식 방법, 상관관계 분석, 인과관계분석, 빅데이터 분석 등 다양한 관점을 같은 데이터로 분석해 보았다. 그러나 이렇게 데이터를 분석하는 이유는 보다 근본적인 원리를 찾아내려는 의도가 있을 것이다. 데이터 속에서 원리를 찾아내는 과정을 패턴인식이라고 한다. 지금까지 많은 천재들이 패턴을 인식하려는 노력을 해왔고, 많은 분들이 성공체험을 하였다.

필자가 알고 있는 알트슐러(트리즈 창시자 1926~1998)는 혼자서 20만 건의 특허를 분석해 보았다. 20만 건의 특허를 분석하면서 그 속에서 일정한 패턴을 찾아내었다. 그 누구도 20만 건 이상의 정보를 혼자서 분석한 사람은 없었다.

그 후 IT 기술이 발달하면서 검색전문가들이 새로운 직업으로 떠오르게 된다. 특허를 전문적으로 검색하여 특허권리를 등록해 주는 변리사가 있고, 법을 전문적으로 검색하여 고객의 권리를 보호해 주는 변호사가 있고, 금융시장의 정보를 실시간으로 검색하여 투자 시기를 제안해 주는 애널리스트 등이 있다.

최근에는 빅데이터 분석전문가들이 생겨났다. 이러한 정보를 사용하는 목적이 무엇인가? 어디에 어떻게 사용되는가? 를 생각해 볼 필요가 있다. 수많은 정보를 분석하여 나름의 법칙을 만드는 것이고, 이러한 법칙을 활용하여 누구나 쉽게 정보를 실생활에 적용하기 쉽도록 만드는 것이 데이터 분석의 목적이다. 이러한 연구의 목적은 사람이 보다 나은 생활을 하려는 것이다. 사람이 보다 나은 생활을 한다는 것은 크게는 2가지로 볼 수 있다. 하나는 행복하게 사는 것이고, 다른 하나는 성공을 하는 것이다. 행복하면 성공한 인생이냐? 성공하면 행복한 인생이냐? 는 동전의 양면과 같은 것이다. 사람들이 살아가는 과정에서 상황이 발생한다. 상황에 집중하면 사건으로 발전하게 된다. 사람과 상황에서는 물질이 필요하게 되고, 그 물질로 인해 사람과 상황의 관계는 더욱 복잡하게 된다. 그래서 필자는 인간, 상황, 물질을 분류하여 코칭의 패턴을 연구하고자 하였다. 3가지 인간, 상황, 물질에 대해서는 다음과 같이 설명할 수 있다.

첫째, 인간이다. 인간은 인간으로서의 개인이 있고, 인간 간의 관계가 있다. 인간과 인간의 관계는 인간이 농경을 시작한 기원전 1만 년 전부터 시작되었다고 할 수 있다. 인간의 상호관계는 원하는 관계와 원하지 않는 관계로 구분된다. 사람들 간의 원하는 것에 차이가 날 때는 상호갈등으로 긴장감이 형성된다. 이런 인간 상호 간의 원하지 않는 관계를 갈등상황이라고 하고, Conflict로 표현한다. 인간과 인간의 갈등상황을 이해하기 위해서는 인간에 관한 연구 분야인 심리학을 공부하는 것이 필요하다. 필자는 상담심리와 인지심리를 공부하였고, 심리학의 갈등 분야를 전문적으로 연구한 NLP(Neuro Linguistic Programming)의 전문가이다. 인생심리 트리즈코칭에서 구체적으로 알아볼 것이다. NLP의 원리를 활용하여 자신과 사람들간의 관계를 향상하는 방법으로 코칭을 활용한다. 필자는 다양한 분야의 코치 자격을 가지고 전문코치로 활동하고 있다.

둘째, 상황이다. 상황도 개별 상황이 있고, 상황과 상황의 관계가 있다. 상황과 상황과의 관계는 20만 년 전 호모 사피엔스가 대륙으로 이동할 때부터 나타났다고 할 수 있다. 아프리카를 떠나기 위해서는 다양한 제약상황이 있었을 것이다. 상황 간의 관계도 원하는 상황과 원하지 않는 상황으로 구분된다. 특히 상황 간에는 인간이나 물질이 개입되어 나타난다. 그래서 더욱 복잡한 상황이 되는 것이다. 이런 상황 간의 관계를 제약상황이라 하고,

Constraints로 표현한다. 다양한 상황 중에 최근에 관심이 집중되는 것이 창업이므로 창업의 상황을 중심으로 사례를 제시하였다. 제약상황을 이해하기 위해서는 경영학을 공부하는 것이 필요하다. 필자는 경영전략과 인사조직 등을 공부하였고, 제약경영을 전문적으로 연구한 TOC(Theory Of Constraints)의 전문가이다. 창업경영 트리즈코칭에서 구체적으로 알아볼 것이다.

셋째, 물질이다. 물질도 개별 물질이 있고, 물질과 물질 간의 관계가 있다. 물질과 물질의 관계는 고대부터 있어 왔지만 1차산업혁명 때부터 구체화 되었다고 할 수 있다. 물질은 독립적으로 존재하고 싶은데 서로 다른 물질을 인공적으로 결합을 시도해서 큰 성공을 이룬 시기이기 때문이다. 철과 철을 결합하여 그 공간에 증기를 압축할 수 있도록 만들면서 에너지를 저장할 수 있게 되었다. 물질 간의 관계도 원하는 관계와 원하지 않는 관계로 구분된다. 이런 물질 상호 간의 원하지 않는 관계를 모순이라고 하고, Contradiction으로 표현한다.

물질과 물질의 모순상황을 이해하기 위해서는 물질에 관한 연구 분야인 공학을 공부하는 것이 필요하다. 필자는 기계공학을 공부하였고, 공학의 모순분야를 전문적으로 연구한 TRIZ(Theory of Inventive Problem Solving, 영어식 표현)의 전문가이다. 기술혁신 트리즈코칭에서 구체적으로 알아볼 것이다.

우리가 살아가는 과정을 전쟁의 방식으로 표현하면 STC(에스티씨)로 표현할 수 있다. STC는 Strategy(전략), Tactics(전술), Combat(전투)이다.

전투에서 승리하기 위해서는 한 가지 방법으로는 승리를 이루기가 어렵다. 현장에서 발생하는 다양한 변수로 인해 복잡한 환경이 생성되기 때문이다. 그래서 필자는 전투가 이루어지는 상황을 3가지로 분류하였다. 첫째는 기술적인 상황이다. 기술적인 과제를 해결하다 보면 현실에서 모순이라는 것이 발생하게 된다. 둘째는 경영적인 상황이다. 경영의 과제를 해결하다 보면 현실에서 제약이라는 것이 발생한다. 셋째는 인생의 상황이다. 인생의 과제를 해결하다 보면 현실에서 갈등이라는 것이 발생한다. 기술에서의 모순, 경영에서의 제약, 인생에서의 갈등을 공부하다 보니 우연히도 모두 영어의 C(씨)로 시작된다는 사실을 알았다. 모순은 Contradiction, 제약은 Constrains, 갈등은 Conflict이다. 모순을 해결하는 방법은 러시아의 TRIZ(트리즈)를 통해 해결방법을 찾을 수 있었고, 제약을 해결하는 방법은 이스라엘의 TOC(티오씨)를 통해 해결방법을 찾을 수 있었고, 갈등을 해결하는 방법은 미국의 NLP(엔엘피)를 통해 해결방법을 찾을 수 있었다.

필자는 TRIZ의 전문가이고, TOC의 전문가이며, NLP의 전문가이기도 하다. TRIZ는 엔지니어링 분야의 문제해결의 탁월한 방법이다. TRIZ는 삼성, LG, 현대, SK, 포스코 등 대기업부터 중견기업과 중소기업에 이르기까지 다양한 기업에서 활용하고 있다. 필자는 통일부, 교육부, 산자부 등에서 정부 과제해결에 트리즈를 활용한 경험이 있다. TOC는 경영시스템을 구축하려는 기업의 담당자들이 공부하여 TOC의 원리를 적용하고 있는 상황이다. '더 골'이라는 책을 통해 기업인들에게 많이 알려져 있다. 일본에서는 기업뿐만 아니라 관공서에서도 많이 활용하고 있다. NLP는 개인의 심리상담 분야에서 많이 알려져 있다. 미국에서 월남전 이후에 심리치료의 성공기법들을 모아서 개발한 것이 NLP이다. 심리상담 분야에 종사하는 사람들은 대부분 알고 있는 분야이기도 하다. TRIZ, TOC, NLP에 대해서는 별도의 분야로 각각 책을 써야 할 정도로 방대한 양이다.

필자는 현재 (사)한국트리즈협회 회장으로 재직하면서 트리즈 보급에 전념하고 있으므로 트리즈를 기반으로 인생, 창업, 기술의 사례를 제시하고자 한다. 그래서 이번 책에서는 NLP, TOC, TRIZ에 대해서는 구체적으로 언급하지 않고, 원리만 활용할 것이다. 더 많이 알고 싶은 사람은 다음의 홈페이지를 활용하기 바란다. 필자가 협력적으로 활동하는 사이트이다.

*NLP : NLP한국협회(www.kanlp.kr)

*TOC : (사)한국TOC협회(www.tockorea.org)

*TRIZ : (사)한국트리즈협회(www.triz.or.kr)

현실적으로 세상에 일어나는 일들은 인간, 물질, 상황의 복잡한 상호작용에서 일어나기 때문에 지금까지 설명한 것을 잘 활용할 수 있어야 할 것이다. 그리고 NLP, TOC, TRIZ 등 다양한 기법들을 활용하여 비즈니스, 라이프코치들이 활동하는 사이트도 있다. 필자도 코치협회에서 전문코치로 활동하고 있다.

*Coaching : (사)한국코치협회(www.kcoach.or.kr)

다음 장에서 세 가지 원리를 활용하여 세상에서 일어나는 어려운 상황을 슬기롭게 헤쳐 나갈 수 있기를 기대한다.

2. 세상을 움직이는 필수요소는 무엇인가?

우리는 태어나서부터 지금까지 학교에 다니기도 하고, 경험하면서 많은 법칙들을 공부하고 적용하면서 경험을 축적해 왔다. 그러한 경험들은 혼자만의 경험일 수도 있고, 집단의 경험일 수도 있다. 이러한 법칙을 처음으로 정한 것은 무엇일까? 현재의 나의 모습을 보려면 과거를 찾아보면 된다고 하였다.

지구상에 현존 인류가 최초로 탄생한 것은 기원전 20만 년의 '호모 사피엔스'이다. 이후 호모 사피엔스는 옷을 입기 시작했으며, 수렵시대를 거쳐 기원전 1만 년에 농경시대로 진입하게 된다. 수렵시대의 '각자도생 방식'에서 농경시대의 '공동생활방식'으로 바뀌면서 함께 살기 위한 다양한 규칙이 생겨나기 시작하였다.

기원전 1750년 함무라비 법전이 메소포타미아에서 반포되었다. 이후 인류는 급격히 발전하여 1769년 와트가 증기기관을 개량하면서 기계 동력을 활용할 수 있게 되었다. 이때까지는 뉴턴의 물리법칙으로 세상의 모든 이치를 설명할 수 있었다. 동력, 즉 에너지는 연속적으로 변화한다는 원리이다.

1900년 막스 플랑크는 에너지가 '양자'와 같은 작은 덩어리 형태로 분포되어 있다는 가정을 하고, 그것을 측정하였다. 그것을 아인슈타인이 증명했다. 빛 입자들이 무리를 이루어 빛을 만든다는 것이며, 그것을 우리는 '광자'라고 부른다. 아인슈타인은 이후 1905년 특수상대성이론, 1915년 일반상대성이론을 발표하면서 지구 밖의 세상에도 기존의 물리법칙을 적용하기 시작하였지만, 시간과 공간이 일정한 것이 아니고 변한다는 새로운 사실을 확인할 수 있었다. 즉 중력이 약한 곳에서는 시간이 빨리 흐르고, 중력이 센 곳에서는 시간이 느리게 흐른다는 사실이다. 공간은 고정된 상태로 있는 것이 아니라 항상 팽창하고 있다는 사실이다.

1910년대와 1920년대 닐스 보어가 원자모형에서 전자궤도를 연구하면서 전자는 한 원자 궤도에서 다른 원자 궤도로 점프할 수 있으며, 점프하는 동안 '광자'를 방출하거나 흡수한다는 사실을 알아낸다. 1925년 드디어 베르너 하인젠베르크에 의해 지금까지 세상을 지배하던 뉴턴이론을 대체하는 양자이론을 세상에 알리게 된다.

'법전'이라는 것은 인간을 중심으로 인간이 살아가는 데 필요한 공통의 법칙을 정리한 것이고, 이는 '믿음의 법칙'이라고 할 수 있다. '물리법칙'은 자연을 중심으로 나타나는 공통의 현상을 정리한 것이고, 이는 '과학의 법칙'이라고 할 수 있다. 인류가 20만 년 동안 지구에 살아오면서 믿음의 법칙과 과학의 법칙이 공존하게 된다. 믿음의 법칙 중에 과학적으로 증명할 수 있는 것이 있고, 증명하기 힘든 것도 있듯이 과학의 법칙을 믿는 사람도 있으나, 믿지 않는 사람도 있는 것은 당연하다.

모든 물질이나 생명은 시스템으로 존재한다. 시스템이란 여러 개의 구성요소가 공통의 목적을 위해 함께 변화하는 것을 말한다.

트리즈를 창시한 알트슐러는 모든 시스템이 완성되려면 4가지의 구성요소가 필요하다고 하였다. 작동기관, 전달기관, 발생기관, 제어기관이 필요하다고 하였다. 작동기관은 시스템을 작동시키는 장치이고, 전달기관은 발생기관과 작동기관을 연결하는 장치이고, 발생기관은 에너지를 증폭시키는 장치이며, 제어기관은 작동기관과 전달기관과 발생기관을 제어하는 장치이다.

<시스템의 4가지 필수 구성요소>

여름에 우리를 시원하게 하는 선풍기의 기술시스템은 다음과 같다.

작동기관 : 날개
전달기관 : 회전축
발생기관 : 모터
제어기관 : 스위치

<선풍기의 4가지 필수 구성요소>

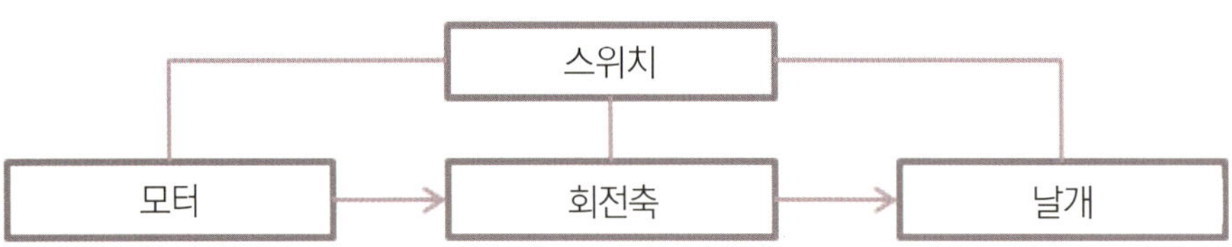

위에서 얘기한 시스템의 구성요소는 핵심적인 필수구성요소이다. 현실적으로는 필수구성요소를 감싸는 것이 있어야 명칭을 부여할 수 있을 것이다. 사람의 경우에는 이런 시스템을 감싸는 것을 피부라고 한다. 창업의 경우에는 사업자등록증이라고 할 수 있다. 선풍기 등 기술시스템은 몸체로 구성요소를 감싸고 있다.

영국의 발명가인 제임스 다이슨은 날개 없는 선풍기를 개발하였다. 우리가 일반적으로 알고 있는 제품에 4가지 필수 구성요소를 구성해 보고, 작동기관을 제거하는 생각을 해보자. 그러면 누구나 창의적인 생각을 할 수가 있다. 집에 있는 믹서기는 과일을 분쇄하여 즙을 만드는 장치이다. 믹서기가 과일을 분쇄하기 위해서는 칼날이 필요하다. 칼날이 작동기관이다. 최근에 칼날이 없는 믹서기가 출시되었다. 이런 생각으로 모든 시스템에서 작동기관을 제거하면 신제품이 될 것이다.

이 원리만 알면 누구나 창의적인 사람이 될 수 있다. 그러나 이런 창의적인 생각으로 지속적으로 실험을 해서 완성품을 만들어 내야 진정한 발명가가 될 수 있다. 이 책을 읽는 여러분들은 위의 사실만 알면 누구나 창의적인 사람이 되었다는 것을 알 수 있을 것이다. 물론 작동기관 외에 동력기관, 전달기관, 제어기관 중에 무엇을 제거하든 창의적인 물건이 될 것이다. 이 원리를 확대 적용하면 물건뿐만 아니라 인생이나 생활 속에서도 창의적인 아이디어를 찾아내는 데 도움이 될 것이다.

이러한 시스템은 고정된 것이 아니라 변화를 한다. 시스템의 변화를 위해서는 물질, 정보, 에너지가 필요하게 된다. 시스템이라는 것은 물질, 정보, 에너지가 투입되어 물질, 정보, 에너지가 산출되는 중간 과정이라고 할 수 있다.

사람에 있어서는 물질은 음식물이 될 것이고, 정보는 지식과 경험이 될 것이고, 에너지는 빛이 될 것이다. 창업에 있어서 물질은 자재가 될 것이고, 정보는 지식과 문서가 될 것이고, 에너지는 화폐가 될 것이다. 기술시스템의 물질은 소재가 될 것이고, 정보는 논문이나 특허가 될 것이고, 에너지는 광물자원이 될 것이다.

인생이나 창업이나 기술을 근본적인 원리에 따라서 생각해보면 물질, 정보, 에너지가 투입되어 시스템 내에서 순환되면서 산출되는 과정이 지속적으로 필요하다고 할 수 있다.

3. 4차산업혁명 시대 시스템은 어떻게 발전하는가?

모든 생명체는 발전하고 있다. 생명체가 아닌 물질들도 발전하고 있다. 믿을 수 있는가? 어떻게 생명체가 아닌 물질이 발전한다는 말인가?

생명학에서 생명체의 발전과정을 연구한 결과가 S(에스) 커브로 잘 나타난다. 그것을 활용하여 다양한 분야에 적용해 보았을 때 대체적으로 부합한다는 것을 알 수 있다. 그래서 다양한 분야의 발전단계를 일반화하여 시스템의 발전단계라고 표현한다. 여기서 시스템이란 생물시스템, 인간 시스템, 기업시스템, 창업시스템, 기술시스템, 제품시스템, 교육시스템 등 다양한 분야를 총괄하는 의미로 사용한다. 그리고 발전이란 시스템의 특성이 시간에 따라 어떻게 변화하는지를 나타내는 것이라고 정의한다. 따라서 다양한 분야에 따라 에스 커브의 주기와 높이는 달라질 수 있을 것이다.

시스템의 발전은 시작단계에서는 천천히 발전한다. 시작단계를 지나면 성장과 성숙단계가 나타난다. 시스템은 지속적으로 증가하다가 시스템의 발전속도가 떨어지기 시작하는 시점에서 쇠퇴단계가 시작된다. 에스 커브의 단계를 시작단계, 성장단계, 성숙단계, 쇠퇴단계 등 4단계로 구분한다.

식물도 시작단계에서는 씨앗이 발아하여 줄기가 생기고, 성장단계에서는 줄기가 굵어지면서 잎에서 꽃이 생기고, 성숙단계에서는 꽃에서 열매가 맺히기 시작하고, 쇠퇴단계에서는 열매가 떨어져 씨앗이 된다.

인간이란 시작단계에서 아이로 태어나 학교에 다니고, 성장단계에서 성인으로 자신의 일을 하기 시작하고, 성숙단계에서 자신의 일로 사회의 일각을 이루고, 쇠퇴단계에서 자신이 배운 것을 사회에 환원하면서 인생을 마감하는 것이 아닌가 한다.

기업도 시작단계에서는 창업을 하고, 성장단계에서는 매출과 조직이 증가하면서 운영시스템을 구축하게 되고, 성숙단계에서는 매출이 증가하면서 경쟁 관계가 복잡해지고, 쇠퇴단계에서는 매출이 줄어들면서 재창업의 기회를 만들 게 된다.

기술도 시작단계에서는 기술을 활용하여 시제품을 만들고, 성장단계에서는 제품화하여 판매가 이루어지며, 성숙단계에서는 원가절감을 이루는 기술로 발전하며, 쇠퇴단계에서는 신기술로 발전하게 된다.

트리즈에서는 이러한 기본 원리를 8가지 법칙으로 적용하고 있다.

1. 시스템 완전성의 법칙 : 시스템을 구성하는 4가지 요소인 발생기관, 전달기관, 작동기관, 제어기관으로 완전하게 갖추어질 때까지 발전한다.
2. 에너지 전도성의 법칙 : 시스템 구성요소 간의 에너지가 잘 순환되어야 한다.
3. 리듬 조화의 법칙 : 시스템 구성요소의 리듬(진동이나 정기적인 주기)을 조화시킨다.
4. 이상성 증가의 법칙 : 시스템은 유용하거나 해로운 효과를 일으키는 기능을 수행한다. 이상성을 향한 시스템 개선의 방향은 해로운 효과에 대한 유용한 효과의 비율을 개선함으로써 일어난다.
5. 시스템 모순의 법칙 : 시스템을 구성하는 부품들은 각기 다른 속도로 진화한다. 어느 한 요소가 급속한 발전을 이루면 그렇지 못한 요소들이 따라가지 못하게 되어 시스템의 전체적인 성능향상에 방해가 된다. 이처럼 시스템의 각 요소들의 발전 정도가 불균일성을 가지게 되어 모순을 유발하게 된다.
6. 시스템 상승의 법칙 : 기술이 어느 한계에 도달하면 슈퍼시스템으로 진화한다. 점이 선이 되고, 선이 면이 되고, 면이 입체가 되는 방향으로 이동한다. 간단히 모노-바이-폴리(Mono-Bi-Poly)라고도 한다.
7. 시스템 분할의 법칙 : 시스템은 매크로 적인 관점에서 발전하다가 마이크로 수준으로 진화한다. 기능설계가 매크로에서 마이크로로 진화하는 동안, 시스템의 크기가 작아질 필요는 없다. 기능을 제공하기 위해서 개별 시스템의 크기가 작아짐에 따라 더 많은 기능이 통합된다.
8. 상호작용 증가의 법칙 : 새로운 상호작용을 추가한다거나 제어하기가 더 쉬운 방향으로 진화한다. 원래 시스템에 있는 물질과 작용하는 새로운 물질을 추가할 수도 있다.

기술시스템의 발전에 따라 수많은 새로운 제품들이 탄생하게 되었다. 기술을 개인이 활용하여 제품화하던 시기를 수공업 시대라고 한다. 수공업 시대에는 수많은 사람들이 가내수공업으로 개인기를 발휘하여 기술을 개발하던 시기이다. 특히 가내수공업이 가장 많은 분야가 의류 분야이다. 호모 사피엔스는 20만 년 전부터 옷을 입기 시작했으며, 가내수공업으로 옷을 제작하여 입었으나, 1차산업혁명 이후 방직기가 개발되어 의류산업이 크게 성장하였다. 1733년 존 케이가 플라잉 셔틀(Flying shuttle)을 발명하면서 면직물공업에서 기술발전이 시작되었다. 플라잉 셔틀은 베틀을 자동화해서 한 번에 짤 수 있는 면포의 너비가 2배가량 늘어나고 속도 또한 훨씬 빨라지게 되었다. 이때 존 케이는 방직공들에게 쫓겨 다니는 신세가 되었다. 왜냐하면, 플라잉 셔틀로 방직공의 일자리가 줄어들었기 때문이다. 1차산업혁명이 시작되면서 일자리 문제가 사회적으로 대두되었다.

앞에서 얘기한 시스템 관점에서 산업혁명의 발전단계를 분석하면 다음과 같다.

1차산업혁명의 시스템

석탄에너지 ➠ 증기기관 ➠ 기구장치 ➠ (밸브/기어) ➠ 도구 ➠ 대상

1차산업혁명 시대의 시스템은 석탄에너지가 증기기관을 통해 증폭되고, 증폭된 에너지가 기구장치를 통해 도구로 전달되어 도구가 대상에게 에너지를 전달한다. 이때 에너지를 조절하기 위해 밸브 또는 기어를 사용한다.

1차산업혁명 시대에는 산업혁명이 일어나기 전의 돛단배, 1차산업혁명의 증기 배도 함께 해상을 이동하게 된다. 물론 육지에서도 소달구지와 증기기관차가 함께 이동하는 현상이 발생한다.

<1차산업혁명 시대의 시스템>

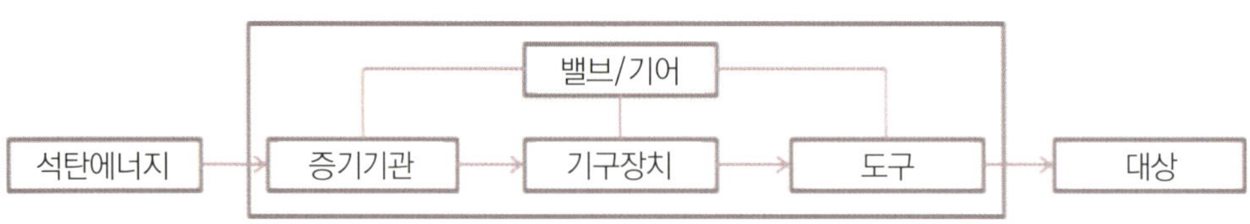

2차산업혁명의 시스템

((석탄에너지 ➠ 증기기관 ➠ 기구장치 ➠ (밸브/기어) ➠ 도구) ➠ 대상)
+((석유에너지 ➠ 내연기관 ➠ 전기회로 ➠ (전기 스위치) ➠ 도구) ➠ 대상)

2차산업혁명 시대의 시스템은 1차산업혁명의 시스템과 2차산업혁명의 시스템이 공존하게 된다. 2차산업혁명의 시스템은 석유에너지가 내연기관을 통해 증폭되고, 증폭된 에너지가 전기회로를 통해 도구로 전달되어 도구가 대상에게 에너지를 전달한다. 이때 에너지를 조절하기 위해 전기 스위치를 사용한다.

2차산업혁명 시대에는 산업혁명이 일어나기 전의 돛단배, 1차산업혁명의 증기 배, 2차산업혁명의 함선도 함께 해상을 이동하게 된다.

<2차산업혁명 시대의 시스템>

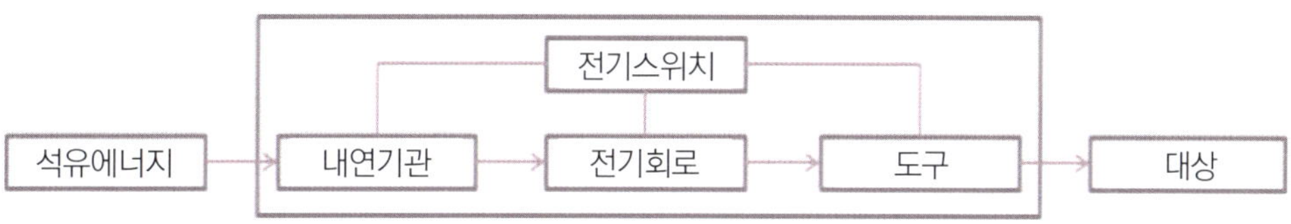

3차산업혁명의 시스템

((석탄에너지 ➠ 증기기관 ➠ 기구장치 ➠ (밸브/기어) ➠ 도구) ➠ 대상)
+((석유에너지 ➠ 내연기관 ➠ 전기회로 ➠ (전기 스위치) ➠ 도구) ➠ 대상)
+((원자력에너지 ➠ 모터 ➠ 전자회로 ➠ (프로그램) ➠ 도구) ➠ 대상)

3차산업혁명 대의 시스템은 1차산업혁명의 시스템, 2차산업혁명의 시스템과 3차산업혁명의 시스템이 공존하게 된다. 3차산업혁명의 시스템은 원자력 에너지가 모터를 통해 증폭되고, 증폭된 에너지가 전자회로를 통해 도구로 전달되어 도구가 대상에게 에너지를 전달한다. 이때 에너지를 조절하기 위해 프로그램을 사용한다.

3차산업혁명 시대에는 산업혁명이 일어나기 전의 돛단배, 1차산업혁명의 증기 배, 2차산업혁명의 함선, 3차산업혁명의 원자력 잠수함도 함께 해상을 이동하게 된다.

<3차산업혁명 시대의 시스템>

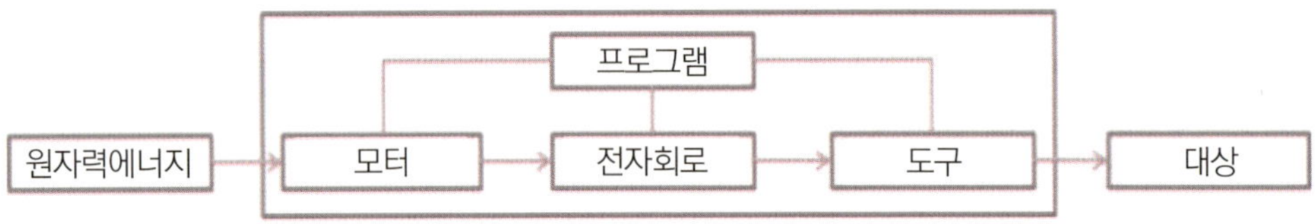

4차산업혁명의 시스템

((석탄에너지 ➠ 증기기관 ➠ 기구장치 ➠ (밸브/기어) ➠ 도구) ➠ 대상)
+((석유에너지 ➠ 내연기관 ➠ 전기회로 ➠ (전기 스위치) ➠ 도구) ➠ 대상)
+((원자력에너지 ➠ 모터 ➠ 전자회로 ➠ (프로그램) ➠ 도구) ➠ 대상)
+((신재생에너지 ➠ 배터리 ➠ 반도체 회로 ➠ (인공지능) ➠ 도구) ➠ 대상)

4차산업혁명 시대의 시스템은 1차산업혁명의 시스템, 2차산업혁명의 시스템, 3차산업혁명의 시스템, 그리고 4차산업혁명의 시스템이 공존하게 된다. 차산업혁명의 시스템은 원자력 에너지가 모터를 통해 증폭되고, 증폭된 에너지가 반도체 회로를 통해 도구로 전달되어 도구가 대상에게 에너지를 전달한다. 이때 에너지를 조절하기 위해 인공지능을 사용한다.

4차산업혁명 시대에는 산업혁명이 일어나기 전의 돛단배, 1차산업혁명의 증기 배, 2차산업혁명의 함선, 3차산업혁명의 원자력 잠수함, 4차산업혁명의 태양광 함선도 함께 해상을 이동하게 된다.

<4차산업혁명 시대의 시스템>

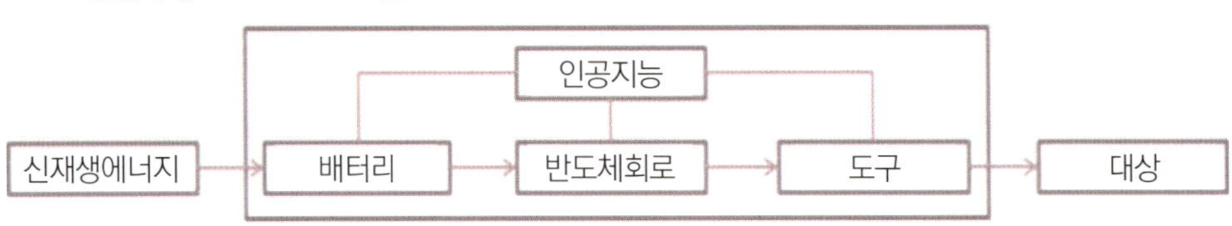

3. 4차산업혁명 시대 시스템은 어떻게 발전하는가?

산업혁명의 발전단계로 국가의 수준을 평가할 수도 있을 것이다. 1차-2차-3차-4차 산업혁명의 비율을 계산하면 대체로 그 나라의 발전수준을 판단하는 데 도움이 된다. 우리나라의 경우에는 석탄에너지, 석유에너지, 원자력 에너지, 신재생에너지의 비율이 얼마나 될까요?

2014년 말 기준으로 우리나라 발전에너지 변화추이를 보면 다음과 같다. 석탄에너지 29%, 석유에너지 37.1%, 원자력 에너지 22.2%, 신재생에너지(기타 포함) 11.7% (자료:한국전력통계 2015)

4차산업혁명을 많은 분들이 얘기하고 있지만, 본질이 되는 에너지의 변화를 고려해야 한다. 지금 대부분의 4차산업혁명 전문가들은 제어장치에 대한 얘기만 하고 있는 것이 현실이다. 4차산업혁명이 실제로 이루어지려면 에너지, 발생기관, 전달기관, 제어기관, 작동기관, 그리고 대상 간의 유기적인 발전이 함께 이루어져야 할 것이다.

대상 중에 사람에 대해서 생각해보자. 1차산업혁명의 사람은 기계적 인간이다. 하루하루가 변화 없이 똑같은 일을 계속하는 사람이다. 2차산업혁명의 사람은 전기적 인간이다. 같은 일을 하는데 '가다' '서다'를 반복하는 사람이다. 3차산업혁명의 사람은 전자적 인간이다. 여러 상황에 따라서 적절하게 대응하는 사람이다. 4차산업혁명의 사람은 융합형 인간이다. 어렵고 복잡한 일을 스마트하게 처리해 내는 사람이다.

우리나라는 현재 기계적 인간, 전기적 인간, 전자적 인간, 융합형 인간이 함께 살아가는 사회이다. 당연히 갈등이 생길 수밖에 없다. 기계적 인간끼리 사는 세상에서는 갈등이 거의 없을 것이다. 다른 인간들도 그러할 것이다.

그러면 이러한 상황에서 우리는 어떻게 살아야 할 것인가?

기술혁신 트리즈코칭, 창업경영 트리즈코칭, 인생심리 트리즈코칭으로 해답을 찾아보자. 그리고 앞으로는 각자 자신의 영역에서 다양한 법을 만들어 보면 더욱 도움이 될 것이다.

4. 4차산업혁명 시대 위기를 극복하는 트리즈코칭

4차산업혁명 시대에 위기를 극복하는 방법은 각자의 전문분야에서 검증된 법칙을 융합하는 방법이 최적일 것이다. 전문성을 확보하기 위해서 학문이 발달하였다. 최초의 학문은 철학이다. 철학은 세상의 이치를 찾아내는 학문으로 인류가 집단을 이루면서 자연스럽게 세상의 이치를 이해하면서 발전하기 시작하였다. 여러 가지 설이 있지만, 학문적인 관점에서는 서양철학과 동양철학의 양대산맥으로 구분하는 것이 일반적이다. 서양철학은 소크라테스-플라톤-아리스토텔레스의 계보를 이어서 발전하게 되었다. 그래서 서양철학의 아버지를 아리스토텔레스라고 한다.

동양철학은 노자-공자-부처를 중심으로 집단화되어 발전하게 된다. 노자를 중심으로 집단을 이루니 도교로 발전하게 되고, 공자를 중심으로 집단을 이루니 유교로 발전하게 되고, 부처를 중심으로 집단을 이루니 불교로 발전하게 된다. 여기서는 종교를 논하기보다는 학문의 발전을 논하기로 했으니 도교를 중심으로 한 도학, 유교를 중심으로 한 유학, 불교를 중심으로 한 불학이 동양철학의 주류를 이루고 있다. 최근에는 서양철학과 동양철학의 융합을 이루는 방향으로 계속 발전하고 있고 앞으로도 발전해 나갈 것이다.

필자가 생각하는 서양철학과 동양철학의 차이는 논리의 검증을 위한 수학의 관여에 있다고 생각한다. 서양에서는 철학의 논리를 수학적으로 검증하려는 노력이 많았다고 한다면, 동양에서는 철학의 논리를 점을 쳐서 검증하려는 노력이 많았다고 할 수 있다.

밀폐된 상자 속에 독극물과 고양이를 집어넣었다. 이때 고양이는 살았을까? 죽었을까? 오스트리아 물리학자인 슈뢰딩거는 이 실험을 통해 양자역학을 설명하고 있다. 고양이는 뚜껑을 여는 순간 죽었을 수도 있고, 살았을 수도 있다. 결국, 뚜껑을 열어봐야 안다는 것이다. 서양철학은 수학적으로 검증을 하려고 할 것이고, 동양철학은 점을 쳐서 알아보면 될 것이다. 현대의 양자역학의 입장에서 보면 수학적 검증법과 점학적 검증법 중 어느 것이 맞는다고는 할 수 없을 것이다. 다만 수학적 검증법은 검증과정이 있기 때문에 지속적인 검증방법의 발전을 이루는 데 도움이 된다. 점학적 검증법은 검증과정이 없고 결과만 있기 때문에 항상 그 상태에 있다고 할 수 있다. 결과적으로 서양은 수학적 검증방법을 통해 과학과 공학으로 발전을 하면서 동양을 크게 앞지를 수 있었다. 다만 양자역학의 발견 이후로 서양의 검증과정을 동양에서 수용한다면 앞으로는 동양의 발전을 기대해도 좋을 것이다.

철학 다음으로 학문이 체계화된 것이 법학, 의학, 신학이다. 세 가지 영역의 학문을 중심으로 공식적인 대학이 세워지기 시작했다. 법학, 의학, 신학은 최초의 학문체계이기 때문에 귀족사회를 중심으로 학문이 이루어졌다. 따라서 귀족의 자손이 아니면 아무나 학문을 이루기 어려웠다. 지금도 법학, 의학, 신학은 수준이 높은 학문으로 인정하고 있다.

인간이 신의 영역에 대응하여 자연의 법칙을 연구하면서 과학이 발달하기 시작하였다. 이렇게 시작된 학문이 물리, 화학, 생물학이다. 이런 물리, 화학, 생물학을 통틀어서 우리는 과학이라고 한다. 우리가 이미 알고 있는 천동설과 지동설의 얘기는 세상의 패러다임을 바꾸어 놓는 계기가 되었다. 이것은 지금까지 알고 있던 믿음의 세계 외에 과학의 세계가 있다는 것을 알게 해 준 사건이었다. 이때부터 과학의 세계가 열리기 시작했다. 그러나 과학의 세계는 이론적인 설명이 가능하지만, 현실에 적용하기에는 어려움이 많이 발생하였다. 과학의 원리를 현실에 적용하기 위해서는 시간, 공간, 물질, 에너지가 필요하게 되었다.

여기에서 가장 중요한 것이 물질의 변형과 에너지의 활용이었다. 이것을 가능하도록 만든 학문이 공학이다. 공학이 발달하면서 산업혁명이 시작되었고, 지금까지의 귀족 중심의 사회도 붕괴하기 시작했다.

공학은 건축, 기계, 전기, 전자, IT 등으로 발전하게 되었다. 지금도 일상생활에 가장 밀접한 학문체계로 자리매김하고 있다. 공학의 다양한 분야 중에 기계, 전자기, 화학 및 열역학의 지식을 연구하여 패턴을 찾아낸 것이 트리즈이다. 트리즈는 특허의 가치를 분석하여 특정한 패턴을 찾아낸 공학적 발명의 이론적 방법이다. 마지막 단원인 트리즈코칭에서 자세히 소개할 것이다. 현재는 IT, 바이오, 나노 등의 공학적 특성을 트리즈에 융합하려는 노력이 지속되고 있다.

지금까지 학문의 발전단계를 연구하면서 두 가지 의문을 갖게 되었다. 하나는 학문의 대상은 무엇인가? 이고, 또 다른 하나는 학문이 대상에게 어떤 가치를 부여하는가? 이다. 그러면 각각의 학문을 활용할 수 있는 공통된 모델을 생각할 수 있을 것이다.

이를 쉽게 표현하면 '학문 → 대상'으로 표현할 수 있다. 어떤 학문이 어떤 대상에게 어떤 가치를 제공할 수 있는가? 를 하나의 모델로 설명할 수 있다.

철학 → 인간(의 의식)

법학 → 인간(생활의 기준)

의학 → 인간(의 질병)
신학 → 인간(에게 신의 말씀)
물리 → 자연(의 법칙)
화학 → 원자(의 속성)
생물 → 생명(의 생리 역할)
공학 → 물질(의 변형)

이런 생각을 정리해 보면 학문을 주체로, 대상을 객체로 단순하게 정리해 볼 수 있을 것이다. 그러면 '주체 → 객체'의 관계가 성립된다. 주체와 객체 간의 화살표는 에너지의 변환과정이다. 공학에서는 이런 화살표를 '벡터'라고 한다. 공학을 하신 분은 벡터와 스칼라의 관계를 이해할 것이다. 공학을 안 했다면 이 설명을 보면 이해가 될 것이다. 벡터는 크기와 방향을 동시에 가지는 물리량이고, 스칼라는 크기만 있고 방향은 없는 물리량이다. 자동차를 타고 고속도로를 지나가면 제한속도를 만나게 된다. 제한속도 100 km/h는 1시간에 100 km 속도보다 빠르면 안 된다는 뜻이다. 이 표지판을 보고 자신이 타고 있는 차의 속력을 확인하게 된다. 자동차 계기판의 속력이 90 km/h라면 그대로 달리면 되고, 110 km/h로 표시된다면 속력을 줄여야 할 것이다. 여기서 속도(velocity)는 벡터양으로 '단위시간 동안 이동한 위치의 변화'를 설명한다. 그리고 속력(speed)은 스칼라양으로 '단위시간 동안 이동한 거리'를 설명한다. 벡터양은 진행결과가 중요하고, 스칼라양은 진행 과정이 중요하다.

결국, 주체와 객체 간의 관계에서 화살표의 의미가 중요한 역할을 하게 된다.

이를 다시 학문으로 연결해서 생각해 보자.

철학--높여준다 → 인간(의 의식) : 철학은 인간의 의식을 높여준다.
법학--제시한다 → 인간(생활의 기준) : 법학은 인간 생활의 기준을 제시한다.
의학--치료한다 → 인간(의 질병) : 의학은 인간의 질병을 치료한다.
신학--전달한다 → 인간(에게 신의 말씀) : 신학은 인간에게 신의 말씀을 전한다.
물리--해석한다 → 자연(의 법칙) : 물리는 자연의 법칙을 해석한다.
화학--해석한다 → 원자(의 속성) : 화학은 원자의 속성을 해석한다.
생물--규명한다 → 생명(의 생리 역할) : 생물은 생명의 생리 역할을 규명한다.
공학--해결한다 → 물질(의 기술문제) : 공학은 물질의 기술문제를 해결한다.

이러한 관계도로 표현을 하면 세상의 모든 현상을 하나의 형태로 정리할 수 있게 된다. 이렇게 정리한 모델의 이름을 타오(TAO) 모델이라고 한다. 타오 모델은 노자가 제창한 도교에서 말하는 우주의 근본원리를 뜻한다. 타오 모델은 위에서 설명한 주체는 학문을 적용해서 만든 도구(Tool)로 표현하고, 객체는 대상(Object)으로 표현하고, 화살표는 활동(Action)으로 표현하려고 한다.

그리고 주체, 활동, 객체를 실제 생활에서 적용하려면 어디에 기준을 둘 것인지 순서를 정해야 한다. 실제로 실생활에 적용을 하려면 활동이 정적인 상태이냐 동적인 상태이냐를 확인해야 한다. 정적인 상태는 그대로 유지하는 것이고, 동적인 상태는 변화하는 것이다. 대부분의 상황은 동적인 상태로 변화하는 것이 목적이 될 것이다. 그래서 활동을 기준으로 도구를 먼저 생각할 것인가? 대상을 먼저 생각할 것인가? 가 문제이다.

도구를 먼저 생각하면 기존의 도구로 대상을 새롭게 찾아내는 것이 과제가 될 것이고, 대상을 먼저 생각하면 기존의 대상을 만족하는 도구를 새롭게 찾아내는 것이 과제가 될 것이다. 한국어는 주어를 생략하는 경우가 많다. 주체보다는 대상을 중심으로 생각한다는 얘기다. 타오 모델을 거꾸로 생각하면 오타 모델이 된다. 우리는 주로 글을 써도 오타를 찾아내는 일을 많이 했다고 할 수 있다. 과거에 대기업에서 직장생활 할 때도 상사에게 보고서를 올리면 오타부터 찾아서 보고서를 재작성하라는 얘기를 많이 들었다. 물론 오타를 찾아내는 것도 필요하다. 그러나 영어식 문장은 주어를 생략하지 않는다. 그리고 주어를 맨 앞에 쓸 때도 있고, 주어를 맨 뒤에 쓸 때도 있다. 주어를 앞에 쓰면 능동태, 주어를 뒤에 쓰면 수동태가 된다. 타오(TAO) 모델과 오타(OTA) 모델을 상황에 따라 변형하여 사용하는 것이다. 어떻게 생각하든 타오 모델의 방식은 도구(Tool) ➠ 활동(Action) ➠ 대상(Object)의 형태로 표현할 것이다.

우리가 생각하는 순차적인 생각인 타오 모델과 역행적인 오타 모델을 동시에 사용할 수 있어야 창의력을 계발할 수 있다. 시간을 생각해보자. 여러분들은 시간이 현재에서 미래로 순차적으로 나아가면서 일정계획을 세우는가? 미래의 어떤 시점에서 현재로 역행하여 일정계획을 세우는가? 타오 모델을 사용하려면 시간은 현재에서 미래로, 미래에서 현재로 양쪽을 모두 생각할 필요가 있다. 이를 더욱 확장하면 시간은 과거에서 현재로 현재에서 미래로 전개되고, 미래에서 현재로 현재에서 과거로 흐른다는 것을 알 수 있다. 이렇게 흐르는 시간은 직선으로 흐를 수도 있고, 곡선으로 흐를 수도 있고, 점프해서 흐를 수도 있다. 이것이 공존하는 세상이다.

여기에 더욱더 확대를 하면 시간과 공간은 함께 흐르고 있다. 어떤 공간에 따라서 상대적으로 시간이 다르게 흐른다는 얘기다. 지구에서 가장 낮은 지역인 이스라엘과 요르단에 있는 사해 지역(지중해보다 약 399 M 낮음)은 시간이 가장 늦게 흐른다. 지구에서 가장 높은 지역인 히말라야산맥에 있는 에베레스트산(해발 8,848 M)은 시간이 가장 빠르게 흐른다. 그래서 '산악지역에 사는 사람들은 빨리 늙는다'라는 믿음의 검증과 '높은 지역에 사는 사람들은 빨리 늙는다'라는 과학의 검증을 비교하면서 우리의 생각 수준을 높여갈 수 있다.

그러면 사람들의 생각 수준을 어떻게 해야 하는가? 생각의 수준을 철학적 심리적인 용어로 의식의 수준으로 포괄하여 사용할 수 있다. 의식 수준이 높다는 것을 어떻게 알 수 있는가? 그것을 알면 자신의 의식 수준을 높일 수 있을 것이다. 그 수준의 차이는 차원으로 확인할 수 있다. 스스로 의식의 차원이 어디에 있는지 살펴보자.

세상은 점에서 출발한다. 현대 과학은 우주가 하나의 점에서 시작했다고 검증한 바 있다. 한 점에서 빅뱅이 일어나면서 우주는 계속 발달하고 있다.

점에서 시작하여 선으로 발전한다. 그리고 선이 발전하여 면을 이룬다. 면이 발전하여 입체를 이룬다. 이 입체는 정지해 있지 않고 이동을 하면서 시간에 따라 변화한다. 그래서 1차원은 선, 2차원은 면, 3차원은 입체, 4차원은 시간으로의 변화과정으로 설명할 수 있다.

1차원은 어떤 선에서 벗어나지 않고 변화가 일어나는 것이다. 그래서 선 위에서 양쪽 방향 외에는 이동할 수가 없다. 생각도 이와 마찬가지이다. 이런 상황을 단선적인 생각 속에 빠져 있다고 할 것이다.

2차원은 어떤 면에서 벗어나지 않고 변화하는 것이다. 면 위에서는 상, 하, 좌, 우의 네 방향이 기본 이동 경로이다. 더 확장하면 면 위에서 360도 방향으로 이동할 수가 있다. 이런 상황을 우리는 다양성의 생각 속에 있다고 할 수 있다.

3차원은 어떤 입체 속에서 벗어나지 않고 변화하는 것이다. 공간 속에서는 면 위를 뛰어넘을 수 있다. 공간 속에서 상, 하, 좌, 우, 앞, 뒤, 위, 아래로 이동할 수가 있다. 이런 상황을 우리는 입체적 생각 속에 있다고 할 수 있다.

4차원은 어떤 입체가 시간에 따라 이동하는 것이다. 시간의 축에 따라 이동하려면 시간의 축이 어떻게 연결되는가를 알아야 한다. 그래서 과학자들은 시간이 어떻게 변화하는지를 검증하는 데 일생을 보냈을 것이다.

아이작 뉴턴은 시간이 절대적인 공간에서 직선으로 변화한다는 사실을 검증하였다. 아인슈타인은 시간이 절대적이 아니라 상대적인 공간에서 곡선을 따라 변화한다는 사실을 검증하였다. 양자역학자들은 시간이 상대적인 공간에서 점프하면서 변화한다는 사실을 검증하였다. 이러한 연구 과정을 통해서 시간과 공간은 하나의 상태로 변화한다는 사실이다. 그래서 우리는 아인슈타인 이후부터 시간과 공간을 분리하지 않고 하나로 합쳐서 '시공간'이라고 한다.

우리가 같은 시계를 차고 하와이의 해변을 거닐 때와 에베레스트산 정상에 있을 때는 시간이 다르게 표시될 것이다. 해변 낮은 지역에 있을 때는 시간이 천천히 흐를 것이고, 산악지대의 높은 지역에 있을 때는 시간이 빨리 흐를 것이다. 시간과 공간은 함께 변화되는 것이다.

결국, 뉴턴은 시간이 직선으로 변화한다고 하였고, 아인슈타인은 시간이 곡선으로 변화한다고 하였고, 양자역학자들은 시간이 불연속적으로 변화한다고 하였다. 여러분은 어느 것이 맞는 것이라고 생각하는가?

일상생활의 거시적인 상황에서는 뉴턴이 맞는다고 할 것이고, 미시적인 상황에서는 양자역학이 맞는다고 할 것이다. 사실이 그렇다. 그래서 일상생활에서는 뉴턴이 연구한 법칙만 알면 생활에 불편함이 없을 것이다. 만약 여러분들이 일상생활을 새롭게 바꾸는 제품이나 서비스를 개발하려면 아인슈타인의 원리를 알아야 할 것이다. 그리고 더 높은 수준의 제품, 서비스 또는 의식을 개발하려면 양자역학을 알아야 할 것이다.

자, 이제 여러분의 생각 수준을 확인할 단계이다. 여러분의 생각은 1차원적인가? 2차원적인가? 3차원적인가? 4차원적인가?

요즘 사람들을 지칭할 때 4차원 인간이란 얘기를 하는 경우가 있다. 그 사람의 생각이 '과거, 현재, 미래로 왔다 갔다 한다'는 얘기다. 현재 많은 사람들이 3차원의 생각을 하고 있다고 생각한다. 그러면 4차원 생각을 하는 사람을 보면 현재 상황에서 적합하지 않은 것들이 많이 생길 수 있다. 2차원 생각을 하는 사람을 봐도 유사한 생각이 들 것이다. 아직 1차원적인 생각을 하는 사람도 많이 있다. 자신의 생각만 옳다고 생각하는 사람들이다. 2차원적인 사람들도 상대방과의 관계를 생각하지 못한다. 3차원적인 사람이 되어야 상대방과의 관계에 관심을 가지게 된다. 세상에는 돈은 많지만 2차원적인 사람들이 많다. 상대방의 입장을 이해하지 못하는 것이다. 지렁이가 땅 위에서만 기어 다니듯, 생각이 집착에 붙어 있는 경우이다. 이런 상황을 우리는 '중독'이라 부른다. 도박중독, 흡연중독, 술중독, 섹

스중독, 돈 중독, 게임중독, 마약중독 등 중독의 종류는 다양하다. 중독에서 벗어나는 방법은 4차원으로 생각하는 것이다. 왜 3차원이 아니고 4차원일까?

만약 차원에 대해서 더 공부할 사람들은 양자역학을 공부하면 도움이 된다. 이제 지구에서 벗어나 우주여행을 할 준비가 되었다면 5차원 세상, 6차원 세상, 7차원 세상, 8차원 세상, 9차원 세상, 10차원 세상으로 나아갈 수 있을 것이다. 5차원 이상으로 들어가려면 지구에 있는 공기를 벗어나야 한다. 우리는, 공기 속에서 시간이 이동하는데 이것을 일반적으로는 알 수가 없다. 그래서 양자역학 공부를 해야 한다고 하는 것이다. 우주로 나가면 공기 외에 다른 물질 속에서 시간이 이동하게 된다. 질소일 수도 있고, 헬륨일 수도 있는 상황에서의 시간의 변화는 공기 속에서의 시간의 변화와는 질적으로 달라질 것이다. 현재 우주는 11차원으로 구성되어 있다고 알려져 있다. 타오(TAO)는 일반적으로 도(道)라고 알려졌지만, 전체를 의미하는 단어로도 쓰인다. 결국, 동양적인 측면에서는 도(道)라고 할 수 있지만, 서양적인 측면에서는 시스템(system)이라고 할 수 있다. 그래서 제가 생각하는 트리즈는 '시스템(system)의 도(道)를 연구하는 방법'으로 생각한다. 아마 트리즈를 만든 알트슐러도 아직 살아 있다면 이 말에 동의할 것이다.

알트슐러는 방법적인 차원에서 창의적 문제해결을 위해서는 3단계로 사고의 수준을 높일 것을 제안하였다.

1단계 : 기술적 모순해결 단계. 40가지 발명원리를 활용하여 다양한 아이디어를 찾아내는 단계이다. 이때는 아이디어를 분류하는 빈도분석능력과 상관관계를 분석하는 능력이 요구된다.

2단계 : 물리적모순해결 단계. 4가지 분리의 원리를 활용하여 핵심을 찾아내는 단계이다. 이때는 빈도분석, 상관관계 분석, 인과관계분석 능력이 필요하다.

3단계 : 행정적 모순해결 단계. 법규나 심리를 활용하여 해결하는 단계이다. 이때는 빈도분석, 상관관계 분석, 인과관계분석, 법규분석, 심리분석 등의 능력이 복합적으로 필요하다.

기술적 모순해결을 위해서는 공학적 지식이 필요하고, 물리적모순해결을 위해서는 과학적 지식이 필요하고, 행정적 모순해결을 위해서는 철학적 지식이 필요하다는 것을 알트슐러는 평생을 살아가면서 체득을 했을 것이다.

4차산업혁명 시대에 있어서는 알트슐러와 같이 순차적으로 문제를 해결하는 것이 아니라 3가지 모순을 융합하여 한 번에 표현할 수가 있다. 필자는 씽크와이즈 소프트웨어를 사용하여 기술적 모순, 물리적모순, 행정적 모순을 한 번에 작성하여 문제해결을 한다. 따라서 프로세스 지향적인 사고와 통합적인 사고를 동시에 개발하는 데 도움이 된다.

<스마트트리즈맵>

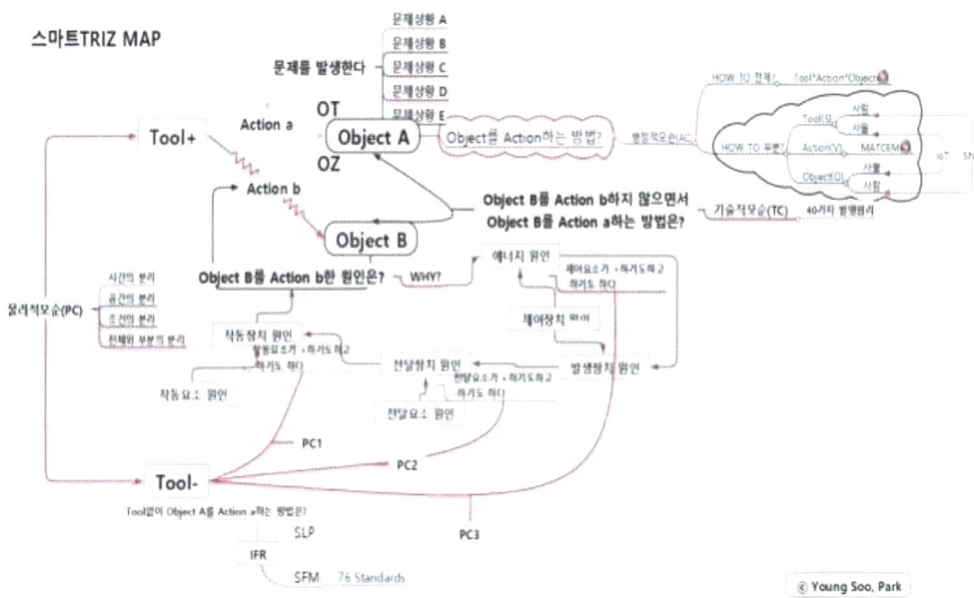

앞에서 제시한 차원의 변화를 이해하게 되면 스스로 자신의 의식 수준을 높이면서 답을 찾아갈 수 있다. 이렇게 답을 찾아 스스로 어려움을 극복하면 만사형통이다. 그러나 현실적으로 답을 알아도 실행하기 어려운 일이 많이 있을 것이다. 그것은 시간이 부족하거나, 원하는 장소가 아니거나, 필요한 물질이 없거나, 에너지가 부족하거나, 돈이 없을 경우이다. 이상에서 얘기한 시간, 공간, 물질, 에너지, 돈을 우리는 자원이라고 한다. 또한, 자원이 있더라도 상황을 파악하지 못하면 어려움을 극복하기 힘든 경우도 있다.

어려운 상황이라는 것이 앞에서 언급한 세 가지 상황이다. 현재의 상황이 갈등상황인지, 제약상황인지, 모순상황인지를 파악해야 한다. 그것을 파악하는 순간 실행하면 된다.

또한, 어떤 경우에는 답을 찾았으나 그것을 누가 이미 실행해 버렸거나 아니면 시기를 놓쳐서 기존의 답이 아닌 새로운 답을 찾아야 하는 경우가 있을 것이다. 이때 찾아낸 답을 우리는 창의적 대안이라고 한다. 이를 위해서 창의성 개발이 필요하다. 창의적 아이디어를 그대로 실천하면 되는데 현실은 그렇지 않은 경우가 많다. 현실에서는 시간과 돈이 정해져 있기 때문이다. 이러한 상황을 극복하는 과정을 4단계로 모델을 만들어 놓은 것이 GROW 모델인데 코칭에서 일반적으로 많이 사용한다. GROW 모델은 영국의 존 휘트모어 경이 쓴 '성과향상을 위한 코칭리더십'책에 잘 설명되어 있다. GROW 모델은 코칭 분야의 일반적인 방법으로 자리매김하고 있는 방법이다.

필자는 'GROW 모델을 활용한 'Values-Based Leadership' 강사 자격을 받아서 강사로 활동했으며, (사)한국코치협회 KPC로 활동하고 있다.

GROW 모델은 사람들의 의식과 행동의 성장을 목적으로 개발되었으며, 성장(grow)의 머리글자를 따서 다음 4단계로 대화하면서 성장하는 것을 말한다. 1단계는 골(Goal), 2단계는 리얼리티(Reality). 3단계는 옵션(Options), 4단계는 윌(Will)이다. 필자는 존 휘트모어의 그로우(GROW) 모델을 현장에서 직접 체험하면서 내용을 다소 변경하게 되었다. 존 휘트모어의 모델은 인생의 목표를 단계적이면서도 절차적으로 진행하는 방식인데, 가치충돌이 생기는 경우에는 병렬적인 방식이 동시에 적용되는 것이 필요하다는 것을 알게 되었다. 그래서 필자의 모델은 코칭 절차는 같으나, 내용의 깊이에서 차이가 있다. 그로우(GROW) 모델의 4단계는 다음과 같다.

1단계 - 골(Goal) : 원하는 것이 무엇인가?
2단계 - 리얼리티(Reality) : 현실은 어떠한가?
3단계 - 옵션(Options) : 어떤 대안을 선택할 것인가?
4단계 - 윌(Will) : 적용을 잘 하려면?

필자는 그로우(GROW) 모델을 적용하면서 진행단계에 대해서는 인생의 상황이든 창업의 상황이든 기술의 상황이든 모두 다 적용할 수 있을 것으로 생각했다. 실제로 필자가 코칭한 결과들을 보면 다양한 분야에서 유사한 결과들을 도출할 수 있었다.

그러면 그로우 모델의 단계별 내용은 어떻게 되는지 궁금할 것이다. 각각의 단계에 대한 구체적인 내용은 다음과 같다.

그리고 그로우 코칭의 단계를 이해하면 각각의 단계를 모아서 한 장의 양식을 만들었다. 필자의 코칭을 받은 개인이나 조직에서는 양식을 이해하고 있을 것이다. 필자는 한 장(one paper)으로 정리하는 것을 좋아한다. 필자의 노트는 한 장의 대표적인 형태인 A4용지를 애용하고 있다. 모든 노트는 A4용지를 사용하고 있다. 필자가 A4용지를 애용하는 이유는 A4용지를 한 장으로 작성할 수 있지만, 그것을 모으면 책으로도 편집할 수 있기 때문이다.

그로우 코칭의 단계도 A4용지 한 장으로 작성할 수 있도록 개발하였다. 여러분들도 작성해 보면 그 진가를 알 수 있을 것이다. 필자는 대기업에 그로우 코칭을 도입하면서 최초로 그로우 모델을 인사시스템에 적용하여 조직 내 목표관리시스템, 인사평가시스템, 인재육성시스템을 연계하여 시스템을 운영하는 프로젝트를 수행하였다.

여러분들도 먼저 A4용지로 작성하는 것부터 시작하도록 권유한다.

1단계 - 골(Goal) : 원하는 것이 무엇인가?

- 편안한 분위기 조성 : 코치와 고객이 만나서 함께 대화를 이끌어 갈 수 있도록 분위기를 조성한다. 코칭에 적합한 시간과 장소를 선택하는 것이 좋은데, 현실적으로는 시간과 장소는 선택되는 경우가 많다. 특히 기업에서 코칭을 할 경우에는 기업 내 회의실이나 상담실에서 이루어지는 경우가 많다. 시간과 장소를 선택할 수 없으면 레이아웃이나 간식 등 주변 환경을 선택할 수는 있을 것이다.

- 코칭 과제의 확인 : 코칭 과제는 고객이 원하는 주제를 선택하는 것이 바람직하다. 퇴근 후에 학습 코칭에서 종종 일어나는 일은 고객이 누구인지 헷갈리는 경우가 많다는 것이다. 고객이 학생인지, 학부모인지 (학부모의 경우에도 엄마인지 아빠인지)에 따라 고객의 요구가 달라지는 것이다. 학생은 연예인이 되기를 원하고, 엄마는 공부를 잘해서 의사가 되기를 원하고, 아빠는 공무원이 되기를 바란다면 어디에 초점을 맞추어야 할 것인가? 이 단계에서 코칭 과제를 하나로 정하는 것이 바람직하다. 만약에 이 단계에서 3개의 과제를 정한다면 다음의 단계에서 3가지 과제에 대해 현실을 파악해야 하니까 코칭 기간이 길어질 수 있다. 즉 3건의 코칭이 되는 것이다. 이 단계에서 코칭의 과제를 조율하는 과정이 쉽지는 않다. 그러나 그것 또한 코칭의 매력이라고 할 수 있다.

- 코칭 과제가 해결된 바람직한 모습 : 코칭 과제는 원하는 일이지만 현실적으로 일어나지 않은 일이므로 모순이 일어난다. 모순이란 앞의 말과 뒤의 말이 다른 경우이다. 즉 논리적으로 말이 되지 않는 상태이다. 미래에 의사가 되기를 원한다면 현재는 의사가 아니다. 아닌 것을 되었다고 생각하라니까 모순이 생긴 것이다. 그래서 바람직한 모습을 생각하면 모순이 일어나지 않을 과제를 선택해야 고객이 거부반응 없이 긍정적인 반응을 보일 것이다. 그래서 이 단계에서의 특별한 노하우는 현실을 생각하지 말고 미래의 시점에서 바람직한 모습을 상상해 보는 것이 중요하다.

TIPS

오늘 아침에 오랜만에 아들과 사우나를 가려고 주차장으로 향했다. 사우나를 가려면 승용차, 버스, 택시를 타고 갈 수 있으나, 승용차를 타고 가기로 했다. 그러나 스마트키로 시동을 거는데, '스마트키를 인식할 수 없습니다'라는 멘트가 나오는 것이 아닌가! 그저께도 승용차를 타고 이동을 했는데, 왜 시동이 안 걸릴까? 여러분은 원인이 무엇이라고 생각하세요?

이 상황에서 주제, 과제, 문제를 명확히 하고자 한다. 주제는 사우나를 가는 것이다. 사우나의 효능이나 부자간의 소통 등 다양한 것이 주제가 될 수 있다. 과제는 승용차로 사우나를 가는 것이다. 아들과 함께 승용차를 타고 가면서 최근 학교생활과 친구 관계에 대해 대화를 하려는 것이다. 문제는 승용차의 시동이 안 걸린다는 것이다.

승용차의 시동이 걸려야, 승용차를 타고 사우나에 갈 수가 있고, 그다음에 아들과 함께 사우나를 즐길 수가 있다. 우연히도 오늘 승용차의 시동이 안 걸리는 문제가 발생했다. 그러면 문제에 집중할 것인가, 과제에 집중할 것인가, 주제에 집중할 것인가? 문제에 집중하는 사람은 사우나가는 것은 잊고 바로 시동을 걸 수 있도록 승용차를 수리하려고 할 것이다. 물론 트리즈를 공부한 사람은 쉽게 해결할 것이다. 시동이 안 걸린다는 것은 자동차 키와 스타트 스위치의 관계문제이다. 스마트키가 문제일 수도 있고, 스타트 키의 문제일 수도 있다. 필자의 경우에는 문제가 생긴 승용차를 두고 택시를 타고 아들과 사우나에 갔다. 시동이 안 걸리는 문제는 다음에 해결하면 되지만 아들과 사우나를 가는 것은 지금 해야 할 일이기 때문이다. 많은 아빠들이 이런 상황을 간과하고 있는 것이 아닌가 한다. 사우나를 갔다 와서 현실적인 문제를 해결하였다. 문제는 승용차 배터리가 수명이 다 되어서 작동이 안 되었던 것이다. 해결책은 배터리 교체이다. 배터리 교체를 하면서 배터리의 수명이 다 되었다는 것을 일반인이 어떻게 알 수 있느냐? 하는 것이었다. 그래서 바로 아이디어가 떠올랐다.

자동차의 배터리 수명을 일반인이 눈으로 확인할 수 있는 기능을 개발하면 많은 운전자들이 이런 문제로 어려움을 겪지는 않을 것이다.

현실적으로 이런 문제가 생긴다면 보험회사에 전화하면 10분 만에 해결해 준다. 요즘은 일반적인 문제를 해결하는 시스템은 너무 잘 되어 있다. 자동차 시동이 안 걸리는 문제가 발생하면 문제해결 기법이나 절차 또는 창의력 등의 방법이 필요한 것은 아니다. 그냥 전화만 하면 된다. 자신의 자동차가 보험을 들었으면 보험회사에 보험을 안 들었으면 자동차서비스센터에 전화하면 된다.

2단계 - 리얼리티(Reality) : 현실은 어떠한가?

- 과제 발생 영역, 범위의 명료화 : 과제라는 것은 과거에서부터 지금까지 계속 이어져 온 결과로 정의되어 있다. 과제의 영역을 정할 때는 국어사전 또는 전문사전을 활용하는 것이 좋다. 그래야 과제가 명료화되기 때문이다. 과제의 정의는 아리스토텔레스부터 시작되었다고 한다. 그래서 서양철학의 아버지라고 불리고 있는지도 모른다. 필자는 과제를 정의할 때 3단계로 분류하는 것을 선호한다. 3단계는 대, 중, 소로 분류하는 것이다. 코치마다 각자 선호하는 방식이 있을 것이다.

- 바람직한 상태와 현재 상태의 차이 인식 : 과제에 대해 바람직한 모습과 현재의 모습과의 차이를 인식하는 것부터 코칭의 시작점이 될 수 있다. 수학 점수를 높인다고 하자. 바람직한 점수는 90점, 현재의 점수는 70점이라면 차이 인식이 명확할 것이다. 그러나 바람직한 점수는 90점, 현재의 점수는 88점이라면 차이 인식이 명확하지 않을 것이다. 차이 인식은 사람들의 인식방식에 따라 다르게 표현되기 때문이다. 그래서 차이 인식의 스타일을 확인하는 것이 중요하다. 각자 바람직한 상태와 현실상태의 차이를 확인하는 방법으로는 MBTI(엠비티아이)라는 진단 도구가 가장 보편적이다. 필자는 1998년 MBTI 일반 강사 자격을 받고 20여 년간 MBTI를 사용하여 중학생부터 기업 임원들까지 진단하면서 주변의 다른 진단 도구들과 비교해 보았으나 가장 탁월한 진단 도구라고 생각한다. 필자는 MBTI 외에 STRONG(스트롱), DISC(디스크), ENNEAGRAM(에니어그램), BIRKMAN(버크만) 등 다양한 진단 도구를 활용하였고, 2008년부터는 심리 사주진단도 활용하고 있다. 심리 사주는 태어난 생년월일을 기준으로 개인의 심리상태를 진단하는 것이다.

필자는 심리 사주와 휴먼디자인시스템, 사상체질 등을 연결하여 개인의 현재 상황을 객관적으로 인식할 수 있도록 도와주고 있다.

- 자신에게 미치는 영향 확인 : 바람직한 상태와 현재 상태의 차이를 인식하면 그것이 앞으로 나의 인생에 어떤 영향을 미칠지를 아는 것이 중요하다. 나아가 자신과 주변 사람들에게도 어떤 영향을 미치는지를 알아야 한다. 현재 우리나라의 문제는 나의 행동이 주변 사람들에게 어떤 영향을 미치는지를 모르는 사람들이 너무 많다는 것이다. 예수께서 이르기를 '하나님을 사랑하고, 너와 네 이웃을 사랑하라'라고 했다. 이 말만 잘 지킨다면 우리나라를 비롯한 전 세계의 평화가 올 것이다. 차이가 가장 큰 문제는 자신을 사랑하는 것과 이웃을 사랑하는 것 간의 격차가 크다는 것이다. 자신은 너무나 사랑하는 데 비해 이웃을 사랑하는 정도가 낮다는 것이다.

TIPS

필자는 2002년에 룩스컨설팅에서 코칭 사업을 시작하였다. 제일 먼저 ㅇㅇ기업의 임원을 대상으로 코칭을 시작하였다. 기존의 임원교육을 집합교육으로 그룹연수원에서 합숙으로 진행하다 보니 임원의 교육참석률이 매우 낮아져서 고민하고 있던 시기에 임원의 교육참석률을 높일 수 있는 방법으로 코칭을 도입하였다. 그러나 처음 도입하는 방법이라서 임원들의 호응을 얻기가 쉽지는 않았다. 그래서 뭔가 차별화된 새로운 시도를 할 필요가 있었다. 그래서 코칭을 도입하면서 개인 진단을 실시하기로 마음을 먹고, 개인 진단 도구를 모아보니 진단 도구들이 그렇게 많은 줄 몰랐다. 가장 많은 기업이 진단하는 도구로 SHL, CCL, PDI, DDI 등이 있었다. SHL, CCL, PDI, DDI는 전문가가 아니면 몰라도 되는 진단 도구 전문회사이기 때문에 언급하지 않겠다. 필자는 위의 회사들에 직접 컨택해서 진단 도구들의 유용성을 검증해 보았다. SHL, CCL에서는 기회가 있어서 직접 교육도 참석하고, 진단 도구도 사용해 보았다. 그러나 여러 가지 이유로 이것을 직접 도입하지는 못했다.

그 외에 많이 알려진 진단 도구로 MBTI, DISC, STRONG, ENNEAGRAM 등의 진단지도 활용해 보았다. 이때에는 필자가 MBTI, DISC, STRONG 등의 사용자격을 가지고 있었는데, MBTI를 제일 많이 활용하기도 했고, 통계적인 관점에서 신뢰도, 타당도를 검증하는 노력을 제일 많이 한 진단 도구이기 때문에 MBTI를 선택하였다. 이 선택에 대해서는 지금도 정말 잘 선택했다는 생각이 든다. 세상의 어떤 진단 도구보다 가장 탁월하다고 생각한다.

MBTI는 Myers Briggs Type Indicator의 약자이다. 심리학자인 마이어스(Myers)가 진단 도구를 통계적으로 검증하여 상품화하였고, 물리학전공자이자 엄마인 브릭스(Briggs)는 사람들을 관찰하여 행동특성의 패턴을 분석하였다. 그래서 만들어진 심리 도구가 MBTI이다. 심리학회에서 통계적으로 신뢰도, 타당도를 인정받는데 13년이라는 세월이 걸릴 정도로 정교한 진단 도구이다. 세상의 다른 진단 도구와 다르게 MBTI는 한국화하는 데도 시간이 오래 걸렸다. 기존의 다른 진단 도구들이 영어를 한국어로 번역하여 사용하는 데 반해, MBTI는 미국의 용어를 한국인의 문화에 적용할 수 있도록 실용화하였는데 무려 10여 년의 시간을 보냈다. 이런 한국화의 과정에 김정택, 심혜숙 교수의 연구와 노력이 없었다면 한국화는 어려웠을 것이다. 김정택 신부님과 심혜숙 수녀님의 평생에 걸친 노력으로 MBTI가 한국에서 뿌리를 내릴 수 있었다고 생각한다. 필자도 김정택 신부님과 심혜숙 수녀님의 가르침으로 MBTI를 이해하였고, 나아가 일반 강사로 등록하게 되었다. 그 후 어세스타의 김명준 대표께서 영국으로 유학을 떠나기 전 MBTI 서울모임에서 현실적인 사례연구발표를 했는데 이 사례연구는 필자가 MBTI 전문가로 활동하는 데 큰 도움이 되었다. 그때 함께 연구 활동을 했던 분들이 대한민국에서 MBTI 최고의 전문가라고 생각한다. 자신의 MBTI 유형을 알고 싶은 사람은 어세스타(www.assesta.com)에서 전문가의 도움을 받아서 진단하면 된다. 물론 필자도 전문가로 등록되어 있다.

또한, MBTI의 이론적 배경은 구스타프 칼 융의 심리 유형론에 근거를 두고 있다. 심리학자인 마이어스는 칼 융의 심리 유형론을 현실화하였다. 칼 융의 심리 유형론은 또한 동양의 가장 오래된 책인 역경에 뿌리를 두고 있다. 칼 융은 역경의 팔괘를 공부하면서 다양한 관점에서 심리 유형론을 정립하여 1920년에 논문으로 발표하였다. 칼 융의 이론은 1920년 이전과 이후로 나뉠 정도로 심리 유형론은 의미가 큰 연구결과라고 할 수 있다.

이렇게 오랫동안 다양한 사람들에 의해서 연구된 MBTI는 누구나 쉽게 이해할 수 있도록 구성되어 있다. 그리고 자신의 MBTI 유형만 알고 구글(www.google.com)을 검색하면 MBTI의 16가지 유형에 따른 성격, 직업, 연애, 생활 등 다양한 관점에서 연구된 결과를 무료로 검색할 수 있다.

3단계 - 옵션(Options) : 어떤 대안을 선택할 것인가?

- 실천 가능한 대안의 열거 : 실천 가능한 대안들은 자신의 지식, 경험 등을 바탕으로 다양한 관점에서 열거하면 된다. 실천 가능한 대안도 주제와 과제, 그리고 문제에 따라 서로 다른 관점으로 접근할 필요가 있다. 주제에 대해서는 뉴스나 구글(www.google.com)에서 아이디어를 찾을 수 있다. 그리고 최근에는 빅데이터로 분석이 가능하다. 데이터는 숫자, 문자, 말, 그림, 영상 등으로 표현된다. 대안을 직접 찾을 수도 있고, 데이터를 분석하여 간접적으로 대안을 찾을 수도 있다. 필자는 대안을 찾는 방법으로 트리즈를 활용하고 있다.

- 실행 프로세스, 방법에 대한 점검 : 모든 새로운 일들은 시작과 동시에 종료될 수가 없다. 시작을 하면 어떤 과정을 거쳐서 결과에 도달하게 된다. 그러면 결과에 도달하는 동안에 다양한 방법을 사용하게 된다. 실행 프로세스로 가장 많이 알려진 프로세스는 P-D-C-A 사이클이다. PDCA는 Plan-Do-Check-Act로 구분된다. 그리고 실행방법은 과제에 따라 다양한 방법이 있을 수 있다. 공학에서는 그런 방법을 공법이라고 한다. 트리즈에서는 이러한 방법을 연구하여 특허로 출원할 수 있도록 아이디어를 제공한다.

- 최적안의 선택 : 대안은 하나로 끝나는 것이 아니라 복수의 대안이 필요하다. 그래서 플랜A, 플랜B, 플랜Z 라는 말이 나온 것이다. 플랜A는 최적의 대안이라는 것이다. 플랜B는 플랜A를 적용할 수 없을 때를 대비해서 복수의 대안으로 선정하는 것이다. 플랜Z는 최악의 경우를 대비한 대안이다. 모든 대안을 실천할 수 없을 때를 대비한 대안이라고 할 수 있다. 최적안을 선택할 때 기업에서는 평가 기준을 선정하고, 평가 기준에 따라 대안을 선택하여 결정하는 방식을 활용한다.

TIPS

세상에는 고정된 것과 변화하는 것이 있다.

우리가 가장 좋아하는 돈을 생각해보자. 창업경영을 하는 데 있어서도 돈이 중요한 자원이 될 것이다. 돈에는 고정비와 변동비가 있다. 고정비로는 건물 임차료, 생산설비, 직접인건비, 전기사용료 등 매월 정기적으로 지출되는 비용을 말한다. 변동비로는 영업인건비, 재료비, 판매활동비 등 사업을 하는데 수익이 늘어나는 만큼 지출도 같이 늘어나는 비용을 말한다.

돈을 빌리는 데는 금융비용이 발생한다. 이때에도 금리를 생각해보면, 고정금리와 변동금리로 구분됨을 알 수 있다.

지구에는 처음에 물질이 존재하였다. 물질이 처음에 어떻게 존재했는지는 과학의 영역이므로 과학자에게 연구를 맡기는 것이 좋을 것이다. 필자는 물질이 존재한 이후부터 논하고자 한다. 세상에 물질이 존재하였고, 그다음 물질들이 변화하게 되었다. 여기서 물질은 고정물질과 변동물질이 존재하게 된다. 어떤 물질은 내부에 고정물질과 변동물질이 동시에 존재해서 전혀 다른 물질로 변화를 일으키기도 한다. 이러한 물질들이 대륙이동, 태풍, 화산폭발 등으로 이동을 하면서 공간이란 것이 나타나게 된다. 고정된 공간에 존재하는 물질이 있고, 다른 공간으로 이동하는 물질이 생겨나기 시작한다.

물질이 공간으로 이동하기 시작하면서 인간이 지구상에 나타나기 시작했다. 인간은 먹고살기 위해 수렵을 시작하면서 도구를 개발하기 시작했다. 어떤 인간들은 더 넓은 공간을 확보하기 위해 무기를 개발하기 시작했다.

어느 날 인간이 식물이나 동물을 키우기 시작하면서 농업이 발달하기 시작했다. 농업은 계절의 변화에 대응하는 기술이기 때문에 시간의 연구가 활발히 일어나게 된다. 1년이란 시간을 규정하게 되었고, 1개월, 1주, 1일을 정하게 되었다.

이후 인간이 20만 년 동안 살아왔지만, 생산성 개념이 없이 생존을 위해 살았다고 해도 과언은 아닐 것이다. 인간이 인간답게 살기 시작한 것은 노동력이 해방되던 1차 산업혁명을 맞이하면서부터이다. 1차산업혁명이 시작되면서 1825년 증기기관으로 석탄을 운반하기 시작했다. 이후 1830년 최초로 증기기관차가 사람을 태우고 영국의 맨체스터와 리버풀 사이 46km 구간을 이동하였다. 철도역이 생기면서 사람들이 먼 거리로 이동하기 시작하자 시간의 개념이 혼동되기 시작했다. 지구의 공전과 자전으로 지역마다 시간이 다르다는 것을 사람들이 알지 못했던 것이다. 이러한 혼란을 계기로 1847년 철도회사들이 표준시간을 제정하기에 이르렀고, 급기야는 1880년 영국 정부가 영국의 모든 시간을 그리니치천문대를 기준으로 표준시간을 정하게 되었다. 지금은 전 세계적으로 영국의 그리니치천문대를 기준으로 표준시간을 정하여 운영하고 있다.

세상의 시작은 물질, 공간, 인간, 시간으로 발전되어 온 것으로 필자는 생각한다. 트리즈에서는 어려운 문제를 해결할 때 분리의 원리를 사용한다. 분리의 원리는 시간, 공간, 조건, 전체와 부분의 원리들이 있다고 알트슐러가 얘기하였다. 필자는 분리의 원리들이 어떻게 생겨났는지를 고민해서 다음과 같이 결론을 내었다.

1. 물질의 존재에서 물질의 전체와 부분으로 분리하여 아이디어를 찾는다.

2. 공간의 존재에서 공간을 분리하여 아이디어를 찾는다.

3. 인간의 존재에서 조건을 분리하여 아이디어를 찾는다.

4. 시간의 존재에서 시간을 분리하여 아이디어를 찾는다.

이상의 4가지 분리의 원리를 활용한다면 세상에 존재하는 모든 문제를 대부분 해결할 수 있는 아이디어는 쉽게 찾아낼 수 있을 것이다.

4단계 - 윌(Will) : 적용을 잘 하려면?

- 실행계획에 대한 실천 의지 확인 : 실행계획의 적용을 잘하려면 실행할 내용, 일정, 자원을 고려하여야 한다. 실행할 내용의 결과물이 무엇인가? 그 결과물이 잘 되었다는 것을 어떻게 측정할 수 있는가? 결과물을 측정하려는 노력은 인류의 역사만큼이나 긴 시간 동안 연구되어왔다. 현재 기업이나 개인에게 가장 많이 활용되고 있는 것은 BSC(Balanced Score Cards, 균형성과표)이다. 균형성과표는 결과물을 재무, 고객, 프로세스, 혁신의 4가지 관점으로 평가한다.

- 실행시 예상되는 장애 요인 : 실행계획을 수행하다 보면 계획대로 되지 않는 일들이 발생한다. 주로 내용, 일정, 자원의 변경이 일어나게 된다. 내용은 주로 일을 시작할 때 정하는 것이기 때문에 수행계획서나 계약서를 기준으로 변경사항을 확인한다. 일정은 계획된 대로 진행하는 것이 원칙이지만, 세상일이란 것이 계획된 대로 진행되지 않는다. 그리고 자원은 항상 부족한 것이 현실이기 때문에 부족한 자원을 운용하다 보니 변경이 당연히 일어난다. 결국, 장애 요인을 어떻게 관리하느냐가 관건이다. 일반적으로 장애 요인은 그 일이 일어날 가능성과 일어났을 때의 영향력으로 판단한다. 일어날 가능성이 크고 영향력이 큰 장애 요인에 대해 컨틴전시플랜을 별도로 세우는 경우가 발생한다.

- 지원받아야 할 사항 확인 : 장애 요인이 일어났을 때 지원을 받아서 바로 해결하면 금상첨화가 될 것이다. 물적 자원을 지원받을 수도 있고, 인적자원을 지원받을 수도 있다. 물적 자원은 어디에 있는지를 알아내는 것이 관건이 될 것이다. 또한,

물적 자원은 현재의 상태로 그대로 활용하느냐 아니면 새롭게 변경을 해야 하느냐도 중요하다. 그다음 인적자원은 또 다른 차원의 지원방식이다. 인적자원은 물적자원같이 활용하는 것이 아니라 사람의 마음을 사야 하기 때문이다. 여기에서 타인의 마음을 사야 하느냐 아니면 나의 마음을 사야 하느냐가 관건이다. 그러나 타인의 마음을 사든 나의 마음을 사든 동기부여가 핵심이다.

TIPS

실행을 위해서는 계획을 세우고 실행할 수도 있고, 계획 없이 실행할 수도 있다. 실행할 때 가장 많이 활용하는 기법이 피디시에이(PDCA)이다. PDCA는 플랜(Plan, 계획), 두(Do, 실행), 체크(Check, 검증), 액트(Act, 개선)의 약자로 알려져 있다. 어떤 일이든 계획을 세우고, 실행하고, 실행항목을 체크하고, 범위에 벗어난 항목을 수정하는 연결된 활동을 말한다. 그러나 대부분의 사람들은 연결된 활동을 실행하기 싫어하고, 분절된 활동을 좋아한다. 연결된 활동은 일정한 기간이 정해져 있어서 그 기간에 정해진 활동을 해야 하기 때문이다.

고속도로를 주행하다 보면 속도위반 카메라가 설치된 것을 본 적이 있을 것이다. 그때 우리는 속도위반 카메라만 지나면 된다는 생각을 하게 된다. 어떤 고속도로를 지나다 보면 구간속도위반 카메라가 있다는 것도 알고 있다. 구간속도위반 카메라가 설치된 구간에서는 신경이 더욱 많이 쓰이게 된다. 사람들은 속도위반 카메라보다 구간속도위반 카메라를 더욱 싫어한다는 것을 알 수 있다. 일정 기간 신경을 써야 하기 때문이다. 그러나 아직 구간속도위반 카메라에도 구간의 평균속도만 위반하지 않으면 문제가 없다. 구간 내 속도변동에 대해서는 아직 제재하지 않고 있다. 이유는 구체적으로 탐색해 보지 않아서 잘 모르겠지만….

PDCA가 최근에는 스타트업에 적용되기 시작했다. PDCA를 단순화해서 린스타트업으로 창업에 활용하기 시작했다. 린 스타트업은 계획을 구체적으로 세워서 실행하는 것이 아니라 계획을 대충 세워서 실행하면서 고객의 요구에 따라 계속 변화하는 방식이다. 이를 린(LEAN) 방식이라 한다.

지금까지 제품개발 방법으로 잘 알려진 방식이 폭포수 방식(Waterfall Model)이다. 폭포수 방식은 폭포가 위에서 아래로 떨어지듯이 윗부분의 목표에 따라 아랫부분의 목표로 상명하달식으로 전개되는 방식의 대표적인 기법이다. 하드웨어와 소프트웨어 모두 이 방식으로 신제품을 개발해 왔다.

그러나 최근 새로운 방식으로 떠오르는 개발방법으로 애자일방식(Agile Model)이 나타났다. 애자일은 날렵한, 민첩한이라는 의미의 형용사이다. 애자일 방식은 2001년 2월 17명의 소프트웨어 개발자가 '애자일 연합'을 결성해 좀 더 빠르고 유연한 개발방식을 논의하면서 애자일 소프트웨어 개발 선언을 하기에 이르렀고, 지금은 전 세계적으로 확산되었다. 그 내용은 다음과 같다. 애자일 방식은 공정과 도구보다 개인과 상호작용을 중요시한다. 또한 포괄적인 문서보다 작동하는 소프트웨어를, 계약 협상보다 고객과의 협력을, 계획에 따르기보다 변화에 대응하기를 가치 있게 여긴다.

이러한 애자일 방식과 린 방식을 중심으로 새로운 사업을 창출하는 린 스타트업이 실리콘밸리를 중심으로 나타나기 시작했고, 지금은 매출 1조 원이 넘는 유니콘 기업으로 성장하고 있다.

아쉽게도 대한민국은 아직까지 고전적인 PDCA를 기반으로 사업을 운영하기 때문에 유니콘 기업이 나타나기 어려운 상황이다.

그래서 최근에는 소프트뱅크 손정의 회장을 중심으로 PDCA를 새롭게 응용하기 시작했다. PDCA의 내용은 같지만, 운영하는 방식이 사이클이 아닌 나선형의 방식으로 상승하게 된다. 이를 스파이어럴 방식이라고 한다. 그리고 실행과 검증에 80% 이상의 노력을 집중하기 때문에 기존의 PDCA보다 속도가 빠르다.

또한, PDCA를 개선하여 플랜(Plan, 계획), 두(Do, 실행), 체크(Check, 검증), 어드저스트(AJust, 조정)의 약자로 활용하기도 한다.

필자는 PDCA를 개선하여 플랜(Plan, 계획), 두(Do, 실행), 체크(Check, 검증), 어플라이(Apply, 적용)의 약자로 활용한다.

<트리즈코칭 양식>

Coaching Log			
코칭시간		코칭장소	
코치성명		고객성명	
코칭 프로세스	코칭활동		
〈코칭목표 Goal〉 · 편안한 분위기 조성 · 코칭과제의 확인 · 코칭과제가 해결된 바람직한 모습			
〈현상확인 Reality〉 · 과제발생 영역, 범위의 명료화 · 바람직한 상태와 현재 상태의 차이 인식 · 자신에게 미치는 영향 확인			
〈대안설정 Options〉 · 실천 가능한 대안의 열거 · 실행 프로세스, 방법에 대한 점검 · 최적안의 선택			
〈실천 의지 Will〉 · 실행계획에 대한 실천의지 확인 · 실행시 예상되는 장애요인 · 지원 받아야 될 사항 확인			

<트리즈코칭 사례 : 자기개발>

<table>
<tr><th colspan="4">Coaching Log</th></tr>
<tr><td>코칭시간</td><td></td><td>코칭장소</td><td></td></tr>
<tr><td>코치성명</td><td></td><td>고객성명</td><td></td></tr>
<tr><td>코칭 프로세스</td><td colspan="3">코칭활동</td></tr>
<tr><td>〈코칭목표 Goal〉
· 편안한 분위기 조성
· 코칭과제의 확인
· 코칭과제가 해결된 바람직한 모습</td><td colspan="3">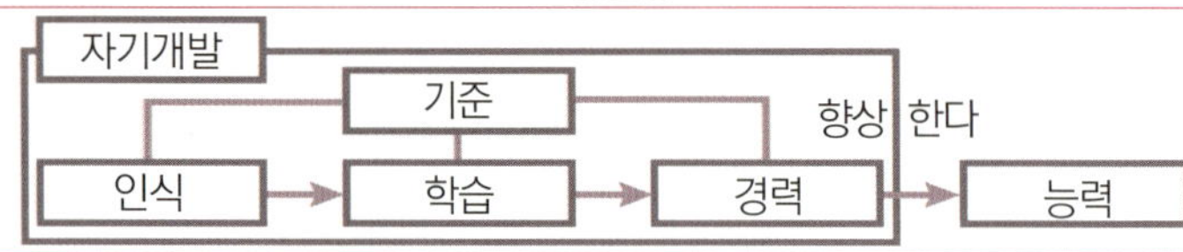

자기개발은 상황을 인식하여 학습을 통해 경력을 쌓아가는 활동이며, 기준으로 조정한다. 경력으로 능력을 향상하는 일은 매우 중요하다. 인식, 학습, 경력, 기준을 활용하여 자기개발의 이상적인 모습을 생각한다.</td></tr>
<tr><td>〈현상확인 Reality〉
· 과제 발생 영역, 범위의 명료화
· 바람직한 상태와 현재 상태의 차이 인식
· 자신에게 미치는 영향 확인</td><td colspan="3">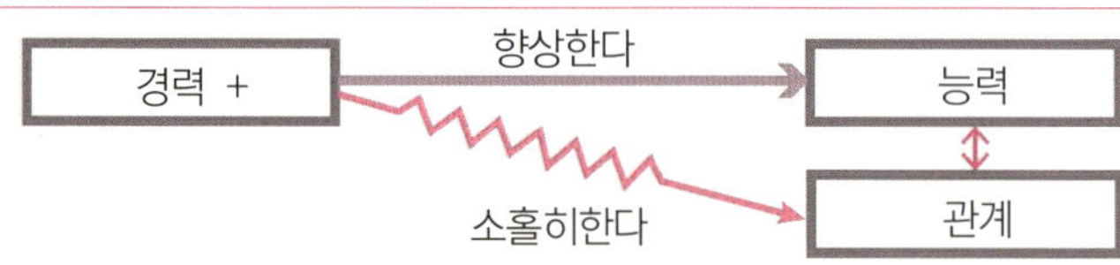

경력으로 능력을 향상해야 하는데, 관계를 소홀히 하는 문제가 발생한다.
〈순기능〉능력을 향상한다
〈역기능〉관계를 소홀히 한다</td></tr>
<tr><td>〈대안설정 Options〉
· 실천 가능한 대안의 열거
· 실행 프로세스, 방법에 대한 점검
· 최적안의 선택</td><td colspan="3">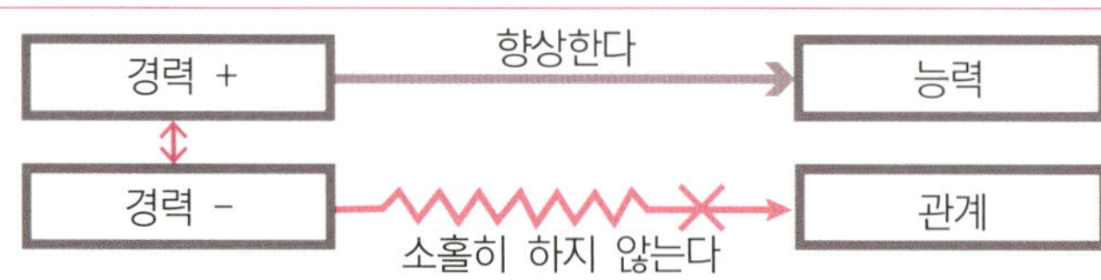

창의적인 해결책은 경력을 제거하는 것이다. 문제의 원천인 경력을 제거하는 것이다. 경력이 없으면서 능력을 향상하고, 관계를 소홀히 하지 않는 방법을 찾는 것이다.
강력한 아이디어는 경력이 있어야 하기도 하고, 없어야 하기도 한 것이다. 좀 더 현실적으로 경력은 시간, 공간, 조건에 따라 있어야 하기도 하고 없어야 하기도 하다.

〈여러분이 생각하는 아이디어를 작성해 보세요〉
1) 시간분리 : 자기개발을 종료할 때는 경력이 있어야 하고, 자기개발 중일 때는 경력이 없어도 된다.
2) 공간분리 : 직장에서는 경력이 있어야 하고, 학교에서는 경력이 없어도 된다.
3) 조건분리 : 취업 때는 경력이 있어야 하고, 창업 때는 경력이 없어도 된다.
4) 부분분리 : 전체적으로는 경력이 있어야 하고, 부분적으로는 경력이 없어야 한다.</td></tr>
<tr><td>〈실천의지 Will〉
· 실행계획에 대한 실천의지 확인
· 실행시 예상되는장애요인
· 지원 받아야 될 사항 확인</td><td colspan="3">〈여러분이 생각하는 실행계획을 작성해 보세요〉
1) 플랜A : 경력은 있어야 하기도 하고, 없어야 하는 방법은?
2) 플랜B : 관계를 소홀히 하지 않으면서 능력을 향상하는 방법은?
3) 플랜Z : 자기개발을 할 수 없는 상황에서의 대안은?</td></tr>
</table>

대안설정에서 창의적인 사람은 시간 분리, 공간 분리, 조건 분리, 부분 분리의 아이디어를 잘 찾아낸다. 현실적인 경험이 많다면 경험을 회상하면서 아이디어를 찾아내고, 현실적인 경험이 없다면 상상해서 아이디어를 찾아내는 능력이 있다. 그러나 일반적인 사람들도 트리즈코칭을 통해서 창의적인 아이디어를 찾아낼 수 있다. 그 방법이 시간 분리, 공간 분리, 조건 분리, 부분 분리이며 일반인도 아이디어를 찾아낼 수 있도록 표로 정리하였다.

<물리적모순 해결법>

<table>
<tr><th rowspan="2">분리의 원리</th><th rowspan="2" colspan="2">자원분석</th><th colspan="2">자원활용</th><th rowspan="2">해결개념</th><th rowspan="2">자기개발 사례</th></tr>
<tr><th>+</th><th>-</th></tr>
<tr><td rowspan="5">시간분리</td><td>T</td><td>자기개발 전</td><td></td><td>o</td><td rowspan="5">특정 시간 T1에는 상반된 요구사항 중 +A를 가지고 다른 특정시간 T2에는 상반된 요구사항 중 -A를 가지게 함으로써 모순을 제거한다.</td><td rowspan="5">자기개발을 종료할 때는 경력이 있어야 하고, 자기개발 중일 때는 경력이 없어도 된다.</td></tr>
<tr><td>T</td><td>자기개발 중</td><td></td><td>o</td></tr>
<tr><td>T</td><td>자기개발 후</td><td>o</td><td></td></tr>
<tr><td>T</td><td></td><td></td><td></td></tr>
<tr><td>T</td><td></td><td></td><td></td></tr>
<tr><td rowspan="5">공간분리</td><td>Z</td><td>직장</td><td>o</td><td></td><td rowspan="5">특정 지역 Z1에는 상반된 요구사항 중 +A를 가지고 다른 특정 지역 Z2에는 상반된 요구사항 중 -A를 가지게 함으로써 모순을 제거한다.</td><td rowspan="5">직장에서는 경력이 있어야 하고, 학교에서는 경력이 없어도 된다.</td></tr>
<tr><td>Z</td><td>학교</td><td></td><td>o</td></tr>
<tr><td>Z</td><td>가정</td><td></td><td>o</td></tr>
<tr><td>Z</td><td></td><td></td><td></td></tr>
<tr><td>Z</td><td></td><td></td><td></td></tr>
<tr><td rowspan="5">조건분리</td><td>C</td><td>취업</td><td>o</td><td></td><td rowspan="5">특정 조건 C1에는 상반된 요구사항 중 +A를 가지고 다른 특정조건 C2에는 상반된 요구사항 중 -A를 가지게 함으로써 모순을 제거한다.</td><td rowspan="5">취업 때는 경력이 있어야 하고, 창업 때는 경력이 없어도 된다.</td></tr>
<tr><td>C</td><td>창업</td><td></td><td>o</td></tr>
<tr><td>C</td><td>이직</td><td>o</td><td></td></tr>
<tr><td>C</td><td></td><td></td><td></td></tr>
<tr><td>C</td><td></td><td></td><td></td></tr>
<tr><td rowspan="5">부분분리</td><td>P</td><td>인식</td><td></td><td>o</td><td rowspan="5">전체로서는 요구사항 중 +A를 가지고 부분적으로는 상반된 요구사항 중 -A를 가지게 함으로써 모순을 제거한다.</td><td rowspan="5">전체적으로는 경력이 있어야 하고, 부분적으로는 경력이 없어야 한다.</td></tr>
<tr><td>P</td><td>학습</td><td></td><td>o</td></tr>
<tr><td>P</td><td>기준</td><td></td><td>o</td></tr>
<tr><td>P</td><td></td><td></td><td></td></tr>
<tr><td>P</td><td></td><td></td><td></td></tr>
</table>

위의 물리적모순을 먼저 생각하고 좀 더 구체적으로 아이디어를 내고 싶은 사람이 있다면 트리즈의 핵심원리 중의 하나인 40가지 원리를 활용하여 새로운 아이디어를 찾을 수가 있다. 아래에 인생심리 코칭에서 활용하는 40가지 원리를 정리해 보았다. 40가지 원리를 활용한 모순맵은 기술혁신 분야, 창업경영 분야, 인생심리 분야 등으로 다양하게 개발하였다.

<40가지 원리를 활용한 인생심리 분야 트리즈모순맵>

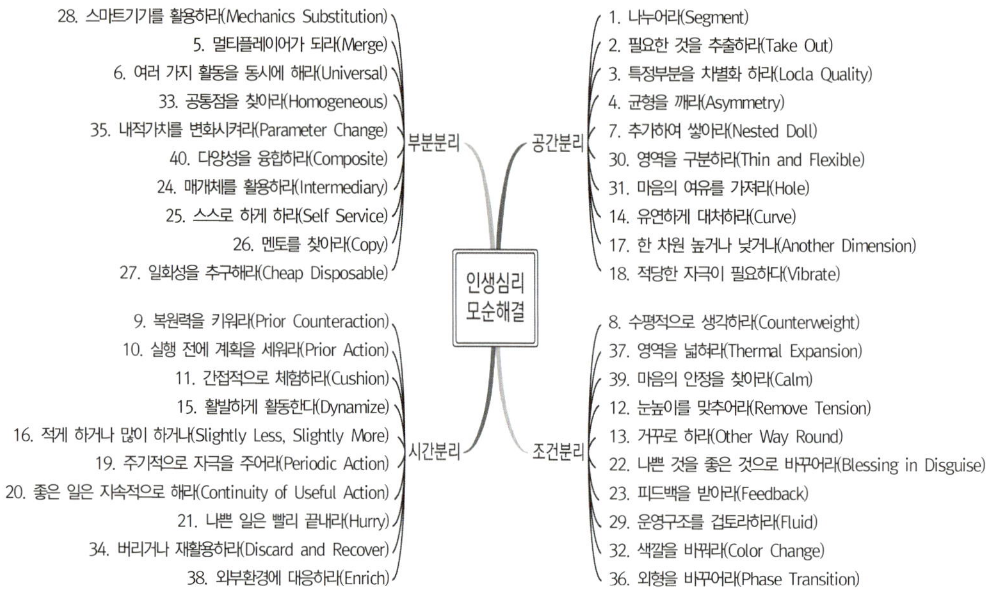

이번 '트리즈코칭' 책에서는 물리적모순의 4가지 분리의 원리와 기술적 모순의 40가지 원리를 활용하여 자신의 과제를 해결하는 데 도움을 받을 수 있다. 필자는 먼저 4가지 분리의 원리를 적용해 보고, 다음에 제공되는 40가지 트리즈맵을 활용하여 아이디어를 찾아내면 될 것이다.

향후 트리즈코칭의 4단계를 능숙하게 작성할 수 있고, 수준이 향상되었다고 생각하면 그로우 모델의 4단계를 모아서 한 장으로 표현할 수 있다. 필자는 2002년부터 그로우 모델을 사용해 왔으며, 10년 정도 그로우 모델을 사용하고 나니, 그로우 모델의 4단계가 익숙하게 되었다. 모든 생각의 프로세스는 그로우 모델로 할 수 있게 되면서 좀 더 단순하게 한 장의 맵으로 표현하는 방법을 찾게 되었다. 그때 기존에 알고 있었던 씽크와이즈 프로그램을 활용하여 생각의 과정을 한 장으로 표현할 수 있게 되었다.

이 방법은 트리즈의 원리와 코칭의 방법을 융합하여 '스마트트리즈맵'이라고 칭한다. 코칭의 단계에 따라 질문을 하면서 트리즈의 원리를 적용하면서 트리즈코칭을 융합하여 보다 나은 방법을 찾아가는 것이다.

필자는 인간 세상에서 가장 탁월한 발명품으로 칫솔을 생각한다. 칫솔은 인간과 동물을 구분 짓는 가장 탁월한 도구이기 때문이다. 그리고 가장 단순한 시스템을 구성하고 있기도 하다. 칫솔은 발명될 때부터 계속 새로운 도구로 개발되어 왔으며, 앞으로도 신제품은 계속 개발될 것이다. 칫솔개발의 스마트트리즈맵을 그려보았다.

<칫솔개발 스마트트리즈맵 사례>

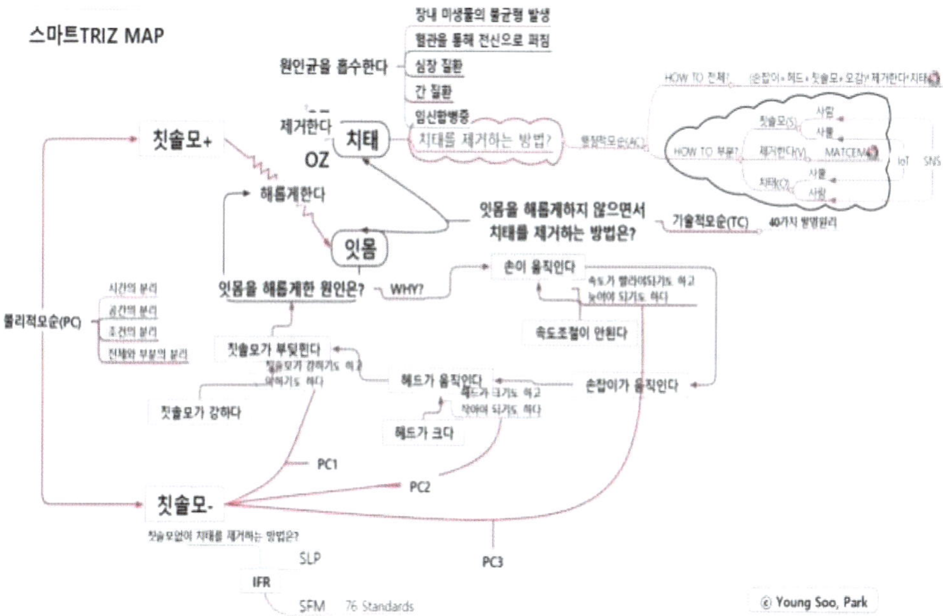

문제는 방법과 콘텐츠의 융합이 핵심이다. 방법은 그로우(GROW) 모델을 사용하면 될 것이고, 콘텐츠는 인생, 창업, 기술 등으로 분류하여 활용하면 될 것이다.

4차산업혁명 시대에 트리즈코칭을 통하여 자신을 넘어 국가, 지구, 나아가 우주로 의식의 수준을 높여 보기를 희망한다.

기술혁신 분야
트리즈코칭

1. 기술혁신에서 원하는 것

기술이란 과학이론을 인간 생활에 필요한 것으로 인공을 가해 만드는 것을 말한다. 이렇게 인간에게 도움이 되는 기술은 구석기시대 인류가 생존을 위해 돌을 사용할 때부터 시작되었다고 할 수 있다. 기술은 인류의 발전과 더불어 지식으로 축적되었으며 현재는 다양한 분야로 발전하고 있다.

기술을 활용하는 단계에 따라 이론을 연구하는 분야를 과학기술, 실제 산업에 적용되는 기술을 산업기술, 그리고 기술을 평가하는 특허기술로 분류할 수 있다. 한국에서는 과학기술은 과학기술정보통신부에서 관리하고, 실제 산업에 적용되는 기술은 산업통상자원부에서 관리하고, 기술을 평가하는 것은 특허청에서 관리한다.

과학기술정보통신부에서는 원천기술을 6가지로 분류한다. 바이오기술, 나노기술, 정보통신기술, 첨단융합기술, 항공기술, 환경기술이 그것이다.

산업통산자원부에서는 산업기술을 크게 6가지로 분류한다. 기계/수송/로봇기술(16개), 화학기술(14개), 전기/전자기술(11개), 바이오/의료기술(9개), 지식서비스기술(3개), 기타 기술(8개)이 그것이다. 산업기술은 정부에서 공개한 산업표준기술분류표를 참고하면 세부적인 기술을 자세히 알 수 있다.

기술을 활용한 결과를 우리는 특허로 가치를 인정받게 된다. 그래서 특허청에서는 가치를 부여하여 분류한 기준으로 다음의 13가지로 기술을 표현한다. 즉 기계기술, 농림수산기술, 반도체기술, 건설기술, 의료 생명기술, 전기·전자기술, 운송기술, 화학 공정기술, 정보통신기술, 금속기술, 소재기술, 컴퓨터기술, 전력기술이 그것이다.

기술을 이론, 산업, 평가의 단계로 분류한 것은 처음 들어 보았을 것이다. 이런 기술들이 무엇을 하는 것인지, 그리고 어떻게 작동하는 것인지를 규명한 것이 기술시스템분석이다. 알트슐러에 의하면 모든 시스템은 작동을 위한 법칙이 있다고 한다. 시스템이 작동하기 위해서는 4가지의 구성요소가 필요하다. 발생기관, 전달기관, 작동기관, 제어기관이 그것이다. 아래 그림은 4가지의 구성요소가 어떻게 작동되는지를 나타낸 것이다. 기술시스템이 작동하기 위해서는 에너지가 지속적으로 들어 와야 한다. 그리고 기술시스템은 대상에 도움이 되는 작용을 하게 된다. 기술시스템의 작동원리를 활용한 사례들은 기술혁신 분야의 사례를 통해 설명하려고 한다.

<기술시스템 작동원리>

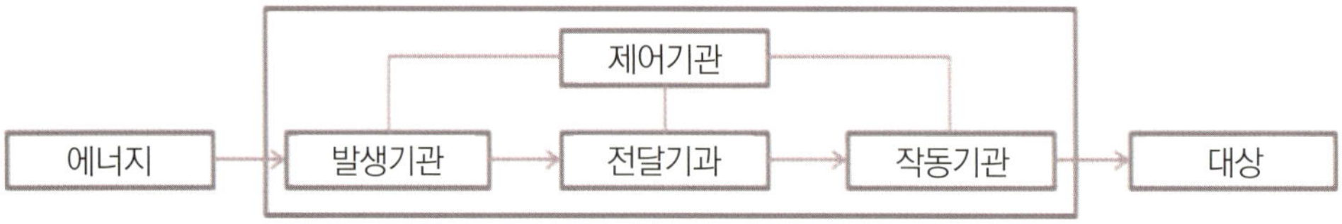

기술시스템의 작동장치는 무엇을 원하느냐 하면 다음의 39가지 특성을 이루려고 한다. 예를 들면 자동차의 작동장치인 바퀴는 도로의 마찰력을 줄이려는 일을 할 것이다. 선풍기의 작동장치인 날개는 공기를 빨리 움직이는 일을 할 것이다. 이렇게 다양한 분야에서 적용된 기술의 공통적인 특성을 분석하면 다음의 39가지 특성(parameter)으로 분류할 수 있다. 대부분의 기술을 적용한 결과는 기술시스템의 형태로 표현되어야 한다. 그래서 작동장치가 원하는 것이 무엇이냐를 39가지 기술적 특성으로 찾아보면 될 것이다. 물론 39가지 이외에 원하는 것이 있을 수도 있다. 그러나 이 책에서는 기본적인 것 39가지를 중심으로 생각해보고자 한다. 39가지 이외에 원하는 것이 있는 경우에는 고급스러운 연구를 할 필요가 있다. 그런 경우에는 필자와 함께 프로젝트를 해서 차별화된 특성을 개발할 수 있다.

다음은 트리즈를 창시한 알트슐러가 제시한 39가지 기술적 특성(parameter)에 대해 간략히 소개한다.

1. 움직이는 물체의 무게(Weight of Moving Object) : 중력의 결과로 움직이는 물체가 그 낙하를 막고 있는 표면에 가하는 측정 가능한 힘. 움직이는 물체는 스스로 또는 일부 외부 힘에 의해 위치가 바뀐다.
2. 정지한 물체의 무게(Weight of Stationary Object) : 중력의 결과로 정지한 물체가 그것이 놓여 있는 표면에 가하는 측정 가능한 힘. 정지한 물체는 스스로 또는 일부 외부 힘에 의해 위치가 바뀌지 않는다.
3. 움직이는 물체의 길이(Length of Moving Object) : 물체의 관측 운동 방향에서 물체의 가로, 세로, 높이의 척도. 운동은 내부 또는 외부 힘이 일으킨 것이다.
4. 정지한 물체의 길이(Length of Stationary Object) : 관측 운동이 발생하지 않은 방향에서 물체의 가로, 세로, 높이의 척도

5. 움직이는 물체의 면적(Area of Moving Object) : 내부 또는 외부 힘이 작용할 때 공간상의 위치가 바뀔 수 있는 물체의 평면적
6. 정지한 물체의 면적(Area of Stationary Object) : 내부 또는 외부 힘이 작용할 때 공간상의 위치가 바뀔 수 없는 물체의 평면적
7. 움직이는 물체의 부피(Volume of Moving Object) : 내부 또는 외부 힘이 작용할 때 공간상의 위치가 바뀔 수 있는 물체의 입방적
8. 정지한 물체의 부피(Volume of Stationary Oblect) : 내부 또는 외부 힘이 작용할 때 공간상의 위치가 바뀔 수 없는 물체의 입방적
9. 속도(Speed) : 시간당 작용 또는 프로세스의 달성 비율
10. 힘(Force) : 물체나 시스템에 있어서 물리적인 변화를 일으키는 능력. 이 변화는 전부 또는 일부분일 수 있으며, 영구적이거나 일시적일 수 있다.
11. 압력(Stress or Pressure) : 물체나 시스템에 작용하는 힘의 강도로 면적당 압축력이나 장력으로서 측정된다.
12. 모양(Shape) : 물체나 시스템의 외관이나 윤곽, 모양은 그 물체에 작용하는 힘 때문에 전부 또는 일부분이 변할 수 있으며, 영구적이거나 일시적으로 변할 수 있다.
13. 물체의 안정성(Stability of Object's Composition) : 관련된 물체나 시스템의 상호작용이 일으키는 변화에 대한 물체나 시스템 전체의 저항력
14. 강도(Strength) : 정의할 수 있는 조건과 한계 하에서 물체나 시스템이 깨지지 않는 힘. 속도, 스트레스 등의 영향을 흡수할 수 있는 물체나 시스템의 능력
15. 움직이는 물체의 내구성(Duration of Action of Moving Object) : 공간 위치를 바꾸는 물체가 그 기능을 성공적으로 수행할 수 있는 시간
16. 정지한 물체의 내구성(Duration of Action of Sattionary Object) : 공간 위치를 바꾸지 않는 물체가 그 기능을 성공적으로 수행할 수 있는 시간
17. 온도(Temperature) : 바람직한 기능의 사용 중 물체나 시스템에 나타난 부가 열 또는 손실 열. 이것은 물체, 시스템 또는 제품에 바람직하지 않은 잠재변화를 일으킬 수 있다.
18. 밝기(Illumination Intensity) : 시스템에 의해 또는 시스템에서 밝혀진 면적당 빛 에너지 비율. 밝기는 빛의 성질, 조명의 정도, 그리고 빛의 다른 특성을 포함한다.

19. 움직이는 물체의 소비 에너지(Use of Energy by Moving Object) : 스스로 또는 외부의 힘에 의해 공간 위치를 바꾸는 물체나 시스템의 필요 에너지
20. 정지한 물체의 소비 에너지(Use of Energy by Stationary Object) : 외부적 힘이 존재하는 공간에서 위치를 바꾸지 않는 물체나 시스템의 필요 에너지
21. 동력(Power) : 일을 수행하는 데 필요한 시간당 일의 비율. 주어진 조건하에서 하나의 물체 또는 시스템에 명백한 동력에 대해 필요하지만 바람직하지 않은 잠재변화를 측정하기 위해 사용됨.
22. 에너지의 낭비(Loss of Energy) : 물체나 시스템이 특히 일 또는 제품을 만들지 않을 때 그 힘을 사용하는 증가된 무능력
23. 물질의 낭비(Loss of Substance) : 물체나 시스템이 특히 일 또는 제품을 만들지 않을 때 물체나 시스템으로부터 재료를 줄이거나 제거
24. 정보의 손실(Loss of Ingormation) : 시스템으로부터 데이터나 입력물의 감소나 제거

25. 시간의 낭비(Loss of Time) : 주어진 작용을 완성하는 데 필요한 시간의 증가
26. 물질의 양(Quality of Substance / Matter) : 물체나 시스템을 만들기 위해 사용되는 요소의 수 또는 양
27. 신뢰성(Reliability) : 약간의 시간이나 주기 동안에 필요한 기능을 적절하게 수행하기 위한 물체나 시스템의 능력
28. 측정의 정확성(Measurement Accuracy) : 측정값이 측정되는 양의 실재 값에 가까운 정도
29. 제조의 정확성(Manufacturing Precision) : 설계명세서에 대한 물체나 시스템의 요소들 사이의 일치 정도
30. 물체에 작용하는 해로운 인자(Object Affected Hamful Factors) : 효율 또는 품질을 저하하면서 물체나 시스템에 작용하고 있는 외부적으로 생기는 영향
31. 해로운 부작용(Object Generated Hamful Factors) : 효율 또는 품질을 저하하면서 물체나 시스템에 작용하고 있는 내부적으로 생기는 영향
32. 제조의 용이성(Ease of Manufacture) : 물체나 시스템 생산의 편리함과 용이함
33. 사용의 편이성(Ease of Operation) : 물체나 시스템 작동의 편리함과 용이함

34. 수리 용이성(Ease of Repair) : 손상이나 과도한 사용 후에 물체나 시스템을 운전 조건으로 복구하기 위한 편리함과 용이함

35. 적응성(Adaptability or Versatility) : 외부조건(환경, 기능 등)이 변함에 따라 모양이나 순서가 다시 바뀌는 물체나 시스템의 능력

36. 장치의 복잡성(Device Complexity) : 요소들 사이의 관계를 포함하여 물체나 시스템을 구성하는 요소의 수량과 다양성. 복잡성은 물체나 시스템의 사용에 숙달하는 데 어려움으로 설명할 수 있다.

37. 제어의 복잡성(Difficulty of Detecting and Measuring) : 허용 오차에 대한 측정 비용뿐 아니라 물체나 시스템의 측정과 감시에 사용되는 요소들의 수량과 다양성

38. 자동화 정도(Extent of Automation) : 사람과 상호작용 없이 운전하기 위한 물체나 시스템의 능력

39. 생산성(Productivity) : 운전을 완료하는 횟수와 운전을 하는데 걸리는 시간 사이의 관계

알트슐러가 개발한 기술특성에서는 3차산업혁명의 핵심기술인 IT 기술이 제외되어 있다는 것이 약점이다. 알트슐러가 정리한 39가지 특성에는 기계공학, 전자기공학, 화학공학, 열역학의 공학 이론을 중심으로 정리되었기 때문에 필자는 여기에 IT 공학, 생명공학 등의 알트슐러 이후에 새로 나타난 부분을 추가하여 새롭게 정리하였다.

필자는 기술을 하드웨어기술과 소프트웨어기술로 구분하여 정리하였고, 하드웨어와 소프트웨어에 공통적으로 적용되는 부분을 공통기술로 정리하였다. 필자는 기술혁신 특성을 분야별로 9개씩, 총 27개로 정리하였다. 아래의 내용은 알트슐러가 제시한 내용과 같은 부분이 있고, 새로 추가한 내용은 너무 많이 알려져 있는 내용으로서 세부적 설명은 생략하였다.

하드웨어 기술혁신 특성	소프트웨어 기술혁신 특성	공통분야 기술혁신 특성
1. 길이	1. 메모리 소비	1. 내구성
2. 면적	2. 데이터손실	2. 안정성
3. 속도	3. 데이터접근속도	3. 복잡성
4. 무게	4. 데이터 접근성	4. 신뢰성
5. 부피	5. 데이터 크기	5. 제조 용이성
6. 강도	6. 데이터사용 강도	6. 수리 용이성
7. 물질의 양	7. 정보처리량	7. 사용 편이성
8. 동력	8. 저장용량	8. 정확성
9. 압력	9. 보안	9. 생산성

2. 기술혁신에서 원하는 것을 해결하는 40가지 방법

기술시스템이 원하는 것을 기본적인 39가지의 경우로 나타내었다. 일반적인 경우에는 원하는 것을 계획한 대로 실행하면 된다. 그러나 세상의 일이란 것이 원하는 것을 얻기 어려운 경우가 많이 발생한다. 특히 새로운 일이나 기존의 답이 존재하지 않을 때에는 더욱더 그렇다. 이때에는 창의적인 아이디어가 필요하다. 알트슐러는 기술혁신의 문제를 해결하는 데 있어서 창의적인 아이디어를 40가지로 정리해 놓았다. 지금까지의 창의적 기법들이 해답의 원리를 이렇게까지 잘 정리해 놓은 것을 본 적이 없다. 알트슐러가 정리해 놓은 40가지 원리를 활용하여 우리는 창의적인 아이디어를 찾아내기만 하면 된다. 다음은 트리즈를 창시한 알트슐러가 제시한 40가지 원리(principles)에 대해 간략히 소개한다.

1. 분할(Segment)
2. 추출(Take Out)
3. 국소적 성질(Local Quality)
4. 비대칭(Asymmetry)
5. 통합(Merge)
6. 다용도(Universal)
7. 포개기(Nested Doll)
8. 평형추(Counterweight)
9. 선행 반대 조치(Prior Counteraction)
10. 선행조치(Prior Action)
11. 사전 예방(Cushion)
12. 높이 맞추기(Remove Tension)
13. 반대로 하기(Other Way Round)
14. 구형화(Curve)
15. 역동성(Dynamize)
16. 과부족 조치(Slightly Less, Slightly More)
17. 차원 바꾸기(Another Dimension)
18. 기계적 진동(Vibrate)

19. 주기적 작동(Periodic Action)
20. 유익한 작용의 지속(Continuity of Useful Action)
21. 고속 처리(Hurry)
22. 전화위복(Blessing in Disguise)
23. 피드백(Feedback)
24. 매개체(Intermediary)
25. 셀프서비스(Self Service)
26. 복제(Copy)
27. 일회용품(Cheap Disposable)
28. 기계시스템의 대체(Mechanics Substitution)
29. 공압식/유압식 구조물(Fluid)
30. 유연한 막 또는 얇은 필름(Thin and Flexible)
31. 다공질 재료(Hole)
32. 색깔 변경(Color Change)
33. 동질성(Homogeneous)
34. 폐기 및 재생(Discard and Recover)
35. 속성 변환(Parameter Change)
36. 상전이(Phase Transition)
37. 열팽창(Thermal Expansion)
38. 산화가속(Enrich)
39. 비활성 환경(Calm)
40. 복합재료(Composite)

3. 기술혁신 모순맵

모순은 말이나 행동의 앞뒤가 서로 맞지 않음을 뜻한다. 논리학에서는 두 개의 개념이나 명제가 상반되는 관계를 뜻한다. 중국 전국시대에 초나라에서 창과 방패를 파는 상인이 '이 창은 예리하기로 어떤 방패라도 뚫을 수가 있다. 그리고 이 방패의 견고함은 어떤 창이나 칼로도 뚫지 못한다'고 자랑하였다. 어떤 사람이 '자네의 창으로써 자네의 방패를 찌르면 어떻게 되느냐?'고 물었더니 대답하지 못했다고 한다.(한비자 난일 난세 편에 있는 고사)

전통적인 논리학에서는 같은 주제에 대해 긍정적인 판단과 부정적인 판단이 동시에 생기는 상황을 표현하고, 현대적인 논리학에서는 주제 자체에 대해 긍정적인 판단과 부정적인 판단이 동시에 생기는 상황을 말한다. 전통적 논리학에서 얘기하는 것을 트리즈에서는 기술적 모순으로 표현한다. 그리고 현대적 논리학에서 얘기하는 것을 트리즈에서는 물리적모순으로 표현한다. 기술적 모순은 두개의 물질에 대해서 긍정적인 결과와 부정적인 결과가 동시에 나타나는 현상을 표현한다. 물리적모순은 하나의 물질 자체가 긍정적인 속성과 부정적인 속성을 동시에 나타내는 현상을 표현한다.

알트슐러는 기술작용의 결과 간에 모순이 발생하는 것을 이해하고 기술적 모순으로 표현하였다. 여기서 알트슐러가 말하는 기술이란 기계공학, 전자기공학, 화학공학, 열역학이 포함된다. 알트슐러는 특허를 찾아 연구해서 위의 4가지 기술이 포함된 것을 알고, 공통점을 찾아 39개의 기술적 특성으로 정리하고 해결 아이디어를 40가지 원리로 정리하였다.

기술적 모순으로 기술혁신의 문제를 해결하다가 과학을 전공한 제자들과 함께 트리즈를 적용하면서 과학의 원리를 적용하게 되었다. 과학은 물질 자체의 존재와 물질 간의 변화를 동시에 설명하는 이론으로 트리즈를 더욱 발전시키는 원동력이 되었다. 알트슐러와 제자들은 과학적 원리를 기하학 효과, 화학 효과, 물리효과로 정리하였다. 그래서 트리즈는 기술과 과학을 융합하는 이론으로 자리매김하게 되었다. 기술과 과학을 적용하여 물리적모순을 해결하는 4가지 분리의 원리를 제시하였다. 4가지 분리의 원리는 첫째, 시간의 분리 둘째, 공간의 분리, 셋째, 조건의 분리, 넷째, 전체와 부분의 분리이다.

모순이란 헤겔 철학에서 가장 중요한 개념의 하나이다. 헤겔은 모순이 존재하는 것은 모든 진리의 가장 기본적인 규칙이라고 생각했기 때문이다. 헤겔의 모순을 설명하기에 앞서 수학에서의 명제를 소개하는 것이 좋겠다. 대부분의 사람들이 중학교 수학 시간에 배웠던 명제의 이야기이다. 누구나 수학을 생각하면 숫자계산을 생각하는데 이는 초등학교의 수학이다. 중학교에 올라가면서 수학은 숫자계산에서 논리수학으로 확장된다. 이때부터 숫자와 도형이 함께 나타나면서 사람들은 수학을 어려워하게 된다. 논리라는 것은 0과 1의 관계로 생각하면 된다. 0은 없는 것이고, 1은 있는 것이다. 0은 관계가 없는 것이고, 1은 관계가 있는 것이다. 수학의 형식 명제에서는 명제를 'p이면 q이다'로 표현한다. 명제의 역은 'q이면 p이다'로 표현한다. 명제의 역의 역을 '대우'라고 표현한다. 대우그룹의 이름을 여기에서 생각한 것은 아닌지 모르겠다. 대우그룹은 역을 역으로 생각하여 새로운 사업을 만든 기업으로 알고 있다. 명제의 대우는 'q가 아니면 p가 아니다'로 표현한다. 명제의 '이'는 'p가 아니면 q가 아니다'로 표현한다. 여기서 중요한 것은 수학의 명제에서는 명제 P와 부정명제 ~P는 양립할 수 없다는 것이다. 우리가 생각하는 대부분 수학의 명제를 기반으로 역, 이, 대우로 설명할 수 있다. 다음은 수학의 형식 명제를 표로 표현한 것이다.

<수학에서의 형식 명제>

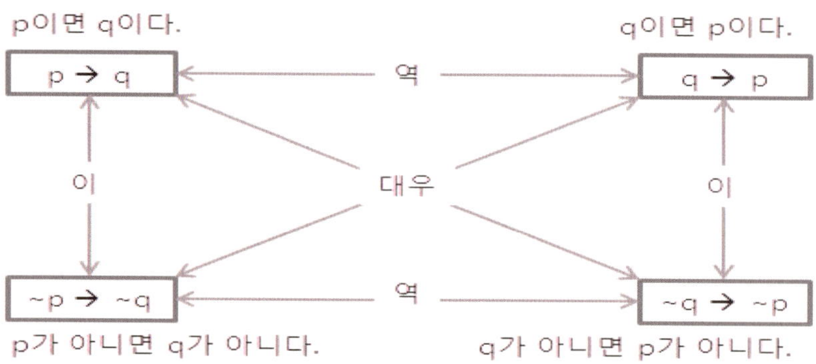

그런데 명제 P와 부정명제 ~P는 양립할 수도 있고, 양립할 수 없기도 하다는 것이다. 이러한 헤겔의 모순개념이 그 유명한 변증법으로 연결된다. 무엇이든 모든 대상에 대하여 모순이 존재하기 때문이다. 이렇게 정, 반, 합의 단계로 진행되는 변증법은 헤겔의 모순의 단계이며, 진리추구의 방법이며, 철학의 근본이라 할 수 있다.

헤겔의 모순을 논할 때 많이 소개되는 몇 가지 모순을 알아보자. 첫째, 존재론에 공통되게 나타나는 모순이다. 일정한 무언가로 존재하는 것은 그것 자체를 가지고 있다는 것이다. 그러나 다른 한편으로는 그것 자체를 가지고 있지 않다는 것이다. 존재는 타 존재와의 관계를 통해서 존재가 결정되기 때문이다. A라는 사람이 있다고 하자. 그러면 A는 A 자체로 존재하지만, B라는 사람과의 관계를 통해 A라는 존재를 인식한다. A라는 사람은 A이지만 A가 아닌 것이다. 둘째, 무한론에 공통되게 나타나는 모순이다. 어떤 명제가 무한하다고 한다면, 동시에 유한하다는 부정명제가 성립하는 것이다. 셋째, 전체와 부분의 모순이다. 어떤 명제가 전체라고 한다면 동시에 부분이라는 부정명제가 성립하는 것이다.

알트슐러는 트리즈의 모순을 해결하는 과정을 단순하게 설명하였다. 먼저 주제를 제시하였다. 주제에 대해 긍정적인 측면과 부정적인 측면을 표현하고, 그다음에 주제의 결과를 긍정적인 측면과 부정적인 측면으로 표현하였다.

<자동차엔진의 모순해결 사례>

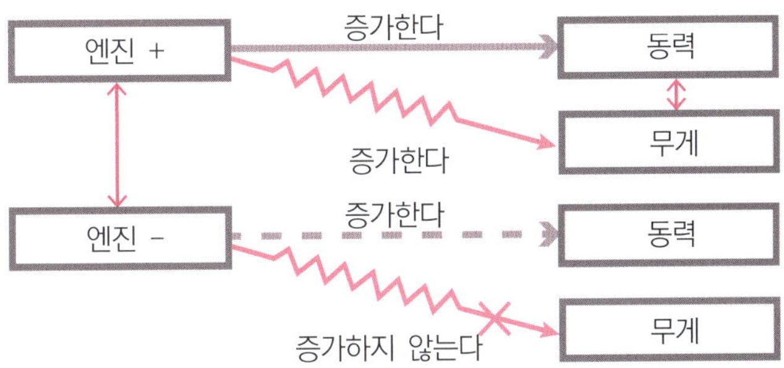

위의 표에서 자동차의 엔진을 강화하면 동력을 증가하여 속도를 높일 수 있다. 반면에 무게를 증가하는 기술적 모순이 발생한다. 주제의 결과를 중심으로 기술적 모순이 발생하는 것이다. 주제 자체를 생각하면 엔진이 있어야 되기도 하고, 없어야 되기도 하는 물리적 모순이 발생한다. 이를 해결하기 위해서는

첫째, 엔진을 강화하여 무게를 증가하지 않으면서 동력을 증가하는 방법을 찾는 것이다. 이때 모순 매트릭스를 활용하여 40가지 원리를 활용하는 것이다. 동력을 증가하는 특성은 39가지의 특성 중에서 21번 동력을 선택하고, 무게를 증가하는 특성은 39가지의 특성 중에서 1번 움직이는 물체의 무게로 선택할 수 있다. 그리고 알트슐러가 제시한 모순 매트릭스를 통해 40가지 원리 중에서 8번 평형추, 36번 상전이. 38 산화가속, 31번 다공질재료의 4가지 아이디어를 찾을 수 있다.

결국, 무게를 증가하지 않으면서 동력을 증가하는 방법으로 8번을 적용하면 차체의 평형이 중요하다. 도로 면과 자동차의 평형과 무게중심의 기준이 중요하다. 필자는 자동차정비소에 있는 자동차 바퀴 균형장치를 개발한 적이 있다. 균형을 잘 잡으면 무게가 무거워지지 않고 동력을 강화할 수 있다. 그 외 36번, 38번, 31번도 적용해 보길 바란다.

<자동차엔진의 기술적 모순>

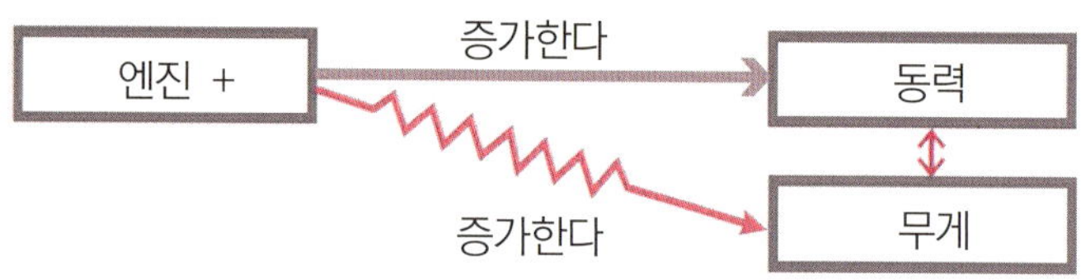

둘째, 엔진이 있어야 하기도 하고, 없어야 하기도 하는 방법을 찾는 것이다. 이때에는 4가지 분리의 원리를 활용하는 것이다. 시간 분리, 공간 분리, 조건 분리, 부분 분리로 생각해 볼 수 있다. 시간 분리를 생각해보면 자동차의 주차, 주행, 정차시간으로 분리할 수 있다. 그러면 주차할 때 엔진의 상태, 주행할 때 엔진의 상태, 정차할 때 엔진의 상태를 분리하여 생각하는 것이 시간 분리로 해결하는 것이다. 공간 분리, 조건 분리, 부분 분리도 적용해 보길 바란다.

<자동차엔진의 물리적모순>

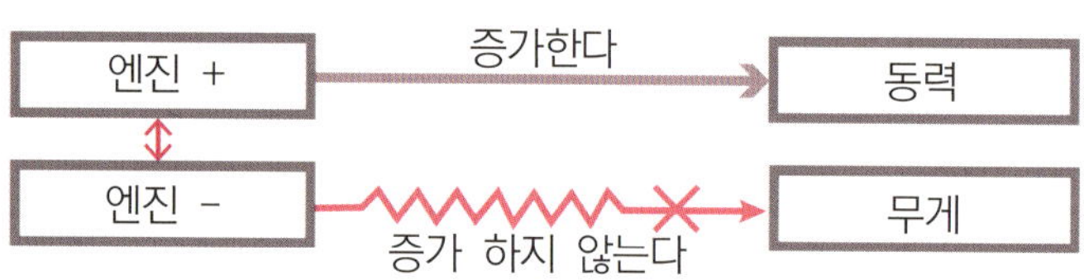

필자는 4가지 분리의 원리와 40가지 원리를 통하여 트리즈 모순맵을 작성하였다. 여러분들은 어떤 문제에 대해 기술적 모순과 물리적모순을 분리하여 생각하고, 해결할 때는 기술적 모순과 물리적모순을 통하여 생각하면 된다.

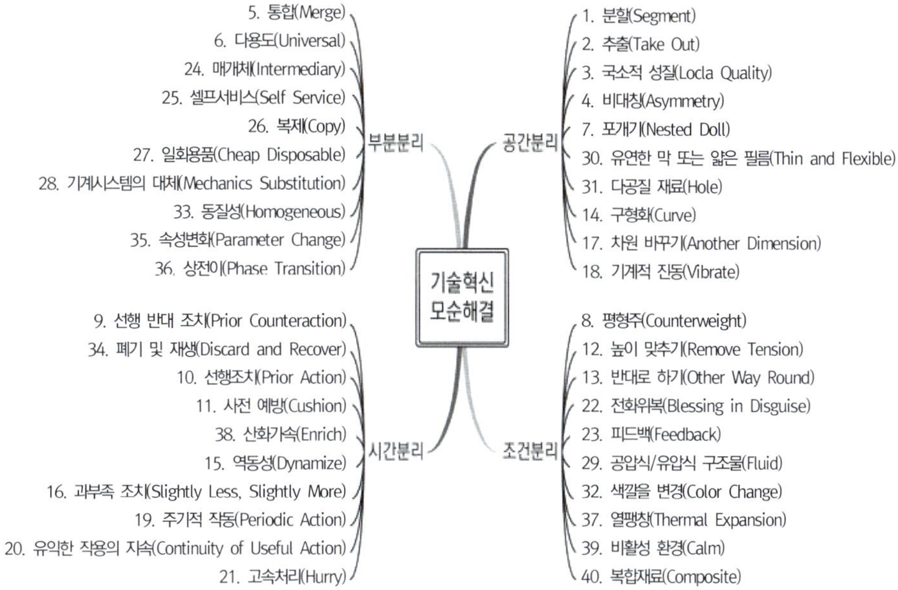

다음 장의 기술혁신 분야 트리즈코칭 사례에서 그로우 코칭의 단계에 따라 트리즈의 모순으로 해결하는 사례를 10가지 제시하였다.

4. 기술혁신 분야의 트리즈코칭 사례

기술혁신 분야의 트리즈코칭 사례는 일반적으로 많이 사용하는 제품을 중심으로 사례를 작성하였다. 사례는 기술시스템의 원리와 코칭의 방법을 통해 GROW의 단계로 작성하였다.

<GROW 코칭의 단계>

1단계 - 골(Goal) : 원하는 것이 무엇인가?
2단계 - 리얼리티(Reality) : 현실은 어떠한가?
3단계 - 옵션(Options) : 어떤 대안을 선택할 것인가?
4단계 - 윌(Will) : 적용을 잘 하려면?

<기술혁신 분야의 사례>

1) 선풍기 사례
2) 자동로봇 사례
3) 볼펜 사례
4) 칫솔 사례
5) 스마트폰 사례
6) 자전거 사례
7) 쇄빙선 사례
8) 청소기 사례
9) 프레스금형 사례
10) 3D프린터 사례

<사례1> 날개는 있어야 하기도 하고, 없어야 하기도 하다

<table>
<tr><th colspan="4">Coaching Log</th></tr>
<tr><td>코칭시간</td><td></td><td>코칭장소</td><td></td></tr>
<tr><td>코치성명</td><td></td><td>고객성명</td><td></td></tr>
<tr><td>코칭 프로세스</td><td colspan="3">코칭활동</td></tr>
<tr><td>〈코칭목표 Goal〉
· 편안한 분위기 조성
· 코칭과제의 확인
· 코칭과제가 해결된 바람직한 모습</td><td colspan="3">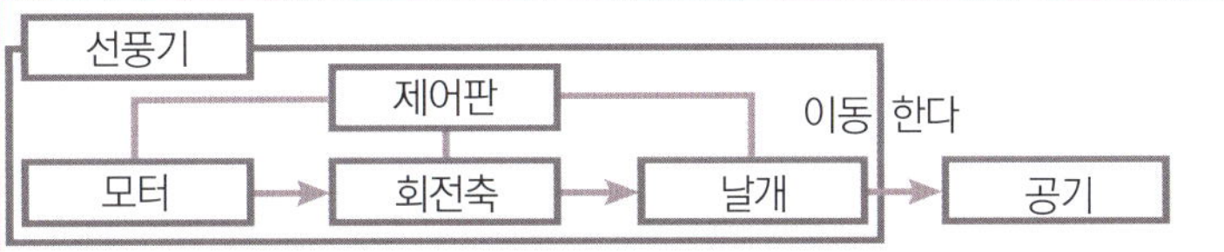
선풍기는 모터에서 전기를 충전하여 회전축을 통해 날개에 에너지를 전달하는 장치이며, 제어판으로 에너지를 조정한다. 선풍기가 공기를 이동하는 일은 매우 중요하다. 모터, 회전축, 날개, 제어판을 활용하여 선풍기의 이상적인 모습을 생각한다.</td></tr>
<tr><td>〈현상확인 Reality〉
· 과제 발생 영역, 범위의 명료화
· 바람직한 상태와 현재 상태의 차이 인식
· 자신에게 미치는 영향 확인</td><td colspan="3">
날개가 공기를 이동해야 하는데, 사람의 손을 다치게 하는 문제가 발생한다.
〈순기능〉
〈역기능〉</td></tr>
<tr><td>〈대안설정 Options〉
· 실천 가능한 대안의 열거
· 실행 프로세스, 방법에 대한 점검
· 최적안의 선택</td><td colspan="3">
창의적인 해결책은 날개를 제거하는 것이다. 문제의 원천인 날개를 제거하는 것이다. 날개가 없으면서 공기를 이동하고, 손을 다치지 않는 방법을 찾는 것이다. 강력한 아이디어는 날개가 있어야 하기도 하고, 없어야 하기도 한 것이다. 좀 더 현실적으로 날개는 시간, 공간, 조건에 따라 있어야 하기도 하고 없어야 하기도 하다.
〈여러분이 생각하는 아이디어를 작성해 보세요〉
1) 시간분리
2) 공간분리
3) 조건분리
4) 부분분리</td></tr>
<tr><td>〈실천의지 Will〉
· 실행계획에 대한 실천 의지 확인
· 실행시 예상되는 장애 요인
· 지원 받아야 될 사항 확인</td><td colspan="3">〈여러분이 생각하는 실행계획을 작성해 보세요〉
1) 플랜A : 날개는 있어야 하기도 하고, 없어야 하는 방법은?
2) 플랜B : 손을 다치지 않으면서 공기를 이동하는 방법은?
3) 플랜Z : 선풍기를 사용할 수 없는 상황에서의 대안은?</td></tr>
</table>

<사례2> 로봇암은 있어야 하기도 하고, 없어야 하기도 하다

<table>
<tr><th colspan="4">Coaching Log</th></tr>
<tr><td>코칭시간</td><td></td><td>코칭장소</td><td></td></tr>
<tr><td>코치성명</td><td></td><td>고객성명</td><td></td></tr>
<tr><td>코칭 프로세스</td><td colspan="3">코칭활동</td></tr>
<tr><td rowspan="2">〈코칭목표 Goal〉
· 편안한 분위기 조성
· 코칭과제의 확인
· 코칭과제가 해결된 바람직한 모습</td><td colspan="3">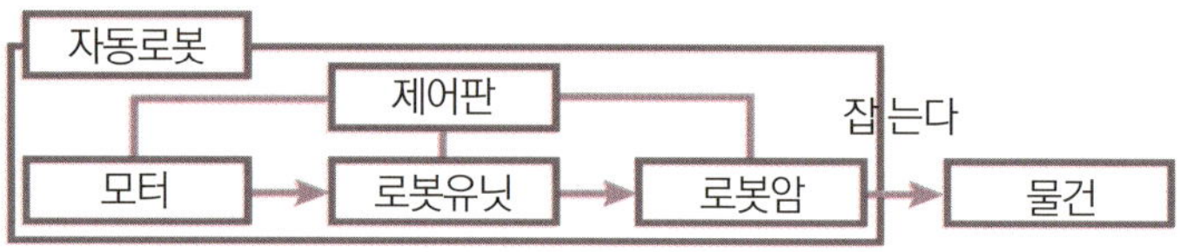
</td></tr>
<tr><td colspan="3">자동로봇은 모터에서 전기를 충전하여 로봇유닛을 통해 로봇암에 에너지를 전달하는 장치이며, 제어판으로 에너지를 조정한다. 자동로봇이 물건을 잡는 일은 매우 중요하다. 모터, 로봇유닛, 로봇암, 제어판을 활용하여 자동로봇의 이상적인 모습을 생각한다.</td></tr>
<tr><td rowspan="2">〈현상확인 Reality〉
· 과제 발생 영역, 범위의 명료화
· 바람직한 상태와 현재 상태의 차이 인식
· 자신에게 미치는 영향 확인</td><td colspan="3">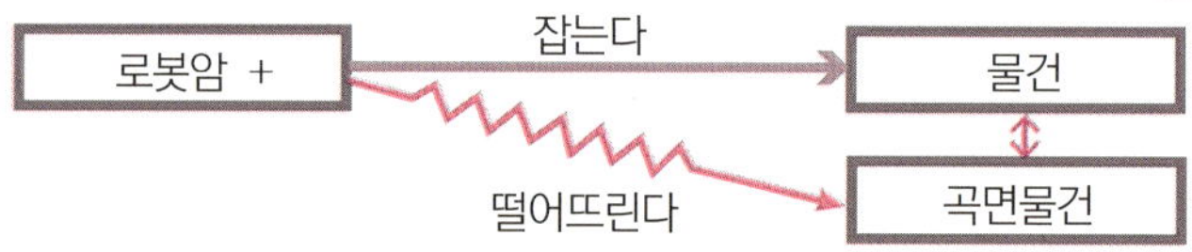
</td></tr>
<tr><td colspan="3">로봇암이 물건을 잡아야 하는데, 곡면물건은 떨어뜨리는 문제가 발생한다.
〈순기능〉
〈역기능〉</td></tr>
<tr><td rowspan="2">〈대안설정 Options〉
· 실천 가능한 대안의 열거
· 실행 프로세스, 방법에 대한 점검
· 최적안의 선택</td><td colspan="3">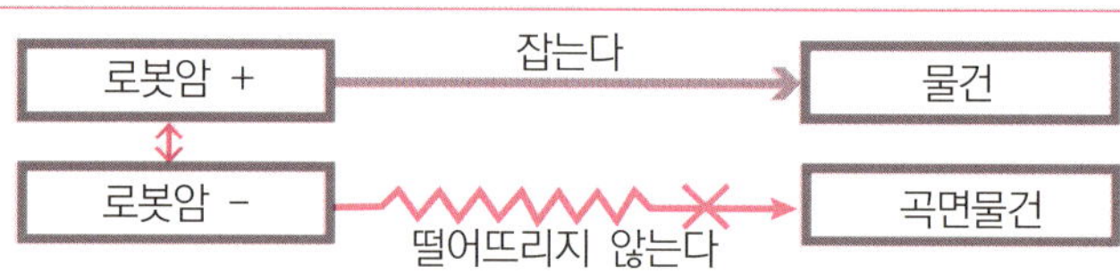
</td></tr>
<tr><td colspan="3">창의적인 해결책은 로봇암을 제거하는 것이다. 문제의 원천인 로봇암을 제거하는 것이다. 로봇암이 없으면서 물건을 잡고, 곡면물건은 떨어뜨리지 않는 방법을 찾는 것이다.
강력한 아이디어는 로봇암이 있어야 하기도 하고, 없어야 하기도 한 것이다. 좀 더 현실적으로 로봇암은 시간, 공간, 조건에 따라 있어야 하기도 하고 없어야 하기도 하다.

〈여러분이 생각하는 아이디어를 작성해 보세요〉
1) 시간분리
2) 공간분리
3) 조건분리
4) 부분분리</td></tr>
<tr><td>〈실천의지 Will〉
· 실행계획에 대한 실천 의지 확인
· 실행시 예상되는 장애 요인
· 지원 받아야 될 사항 확인</td><td colspan="3">〈여러분이 생각하는 실행계획을 작성해 보세요〉
1) 플랜A : 로못암은 있어야 하기도 하고, 없어야 하는 방법은?
2) 플랜B : 곡면물건을 떨어뜨리지 않으면서 물건을 잡는 방법은?
3) 플랜Z : 자동로봇을 사용할 수 없는 상황에서의 대안은?</td></tr>
</table>

<사례3> 볼펜심은 있어야 하기도 하고, 없어야 하기도 하다

<table>
<tr><th colspan="4">Coaching Log</th></tr>
<tr><td>코칭시간</td><td></td><td>코칭장소</td><td></td></tr>
<tr><td>코치성명</td><td></td><td>고객성명</td><td></td></tr>
<tr><td>코칭 프로세스</td><td colspan="3">코칭활동</td></tr>
<tr><td>〈코칭목표 Goal〉
· 편안한 분위기 조성
· 코칭과제의 확인
· 코칭과제가 해결된 바람직한 모습</td><td colspan="3">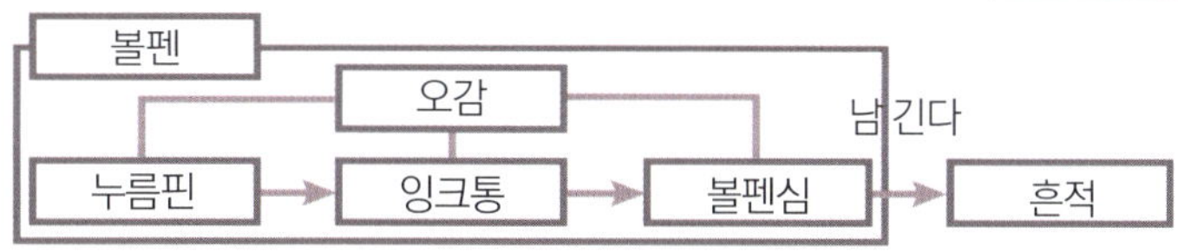

볼펜은 누름핀에서 힘을 받아 잉크통을 통해 볼펜심에 에너지를 전달하는 장치이며, 오감으로 에너지를 조정한다. 볼펜이 흔적을 남기는 일(문자, 그림 등)은 매우 중요하다. 누름핀, 잉크통, 볼펜심, 오감을 활용하여 볼펜의 이상적인 모습을 생각한다.</td></tr>
<tr><td>〈현상확인 Reality〉
· 과제 발생 영역, 범위의 명료화
· 바람직한 상태와 현재 상태의 차이 인식
· 자신에게 미치는 영향 확인</td><td colspan="3">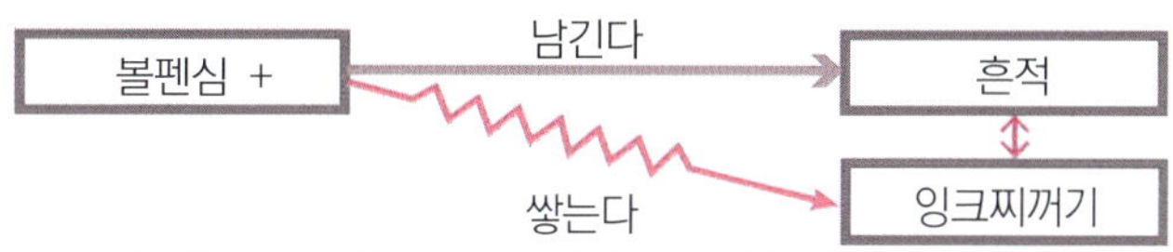

볼펜심이 흔적을 남겨야 하는데, 잉크 찌꺼기를 남기는 문제가 발생한다.
〈순기능〉
〈역기능〉</td></tr>
<tr><td>〈대안설정 Options〉
· 실천 가능한 대안의 열거
· 실행 프로세스, 방법에 대한 점검
· 최적안의 선택</td><td colspan="3">

창의적인 해결책은 볼펜심을 제거하는 것이다. 문제의 원천인 볼펜심을 제거하는 것이다. 볼펜심이 없으면서 흔적을 남기고, 잉크 찌꺼기를 쌓이지 않는 방법을 찾는 것이다.
강력한 아이디어는 볼펜심이 있어야 하기도 하고, 없어야 하기도 한 것이다. 좀 더 현실적으로 볼펜심은 시간, 공간, 조건에 따라 있어야 하기도 하고 없어야 하기도 하다.

〈여러분이 생각하는 아이디어를 작성해 보세요〉
1) 시간분리
2) 공간분리
3) 조건분리
4) 부분분리</td></tr>
<tr><td>〈실천의지 Will〉
· 실행인</td><td colspan="3">〈여러분이 생각하는 실행계획을 작성해 보세요〉
1) 플랜A : 볼펜심은 있어야 하기도 하고, 없어야 하는 방법은?
2) 플랜B : 잉크찌꺼기를 쌓이지 않으면서 흔적을 남기는 방법은?
3) 플랜Z : 볼팬을 사용할 수 없는 상황에서의 대안은?</td></tr>
</table>

<사례4> 칫솔모는 있어야 하기도 하고, 없어야 하기도 하다

<table>
<tr><th colspan="4">Coaching Log</th></tr>
<tr><td>코칭시간</td><td></td><td>코칭장소</td><td></td></tr>
<tr><td>코치성명</td><td></td><td>고객성명</td><td></td></tr>
<tr><td>코칭 프로세스</td><td colspan="3">코칭활동</td></tr>
<tr><td>〈코칭목표 Goal〉
· 편안한 분위기 조성
· 코칭과제의 확인
· 코칭과제가 해결된 바람직한 모습</td><td colspan="3">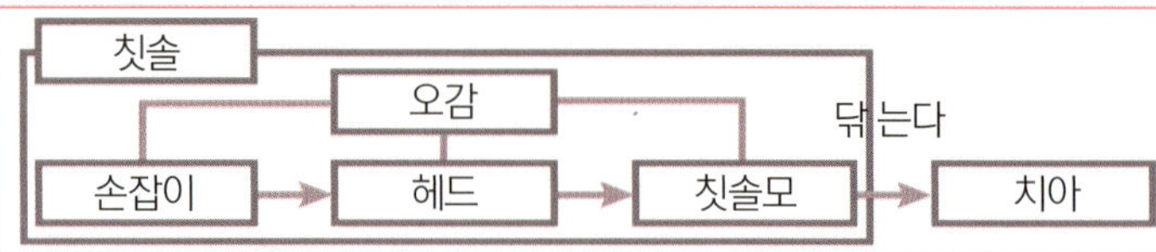
칫솔은 손잡이에서 힘을 받아 헤드를 통하여 칫솔모에 에너지를 전달하는 장치이며, 오감으로 에너지를 조정한다. 칫솔이 치아를 닦는 일은 매우 중요하다. 손잡이, 헤드, 칫솔모, 오감을 활용하여 칫솔의 이상적인 모습을 생각한다.</td></tr>
<tr><td>〈현상확인 Reality〉
· 과제 발생 영역, 범위의 명료화
· 바람직한 상태와 현재 상태의 차이 인식
· 자신에게 미치는 영향 확인</td><td colspan="3">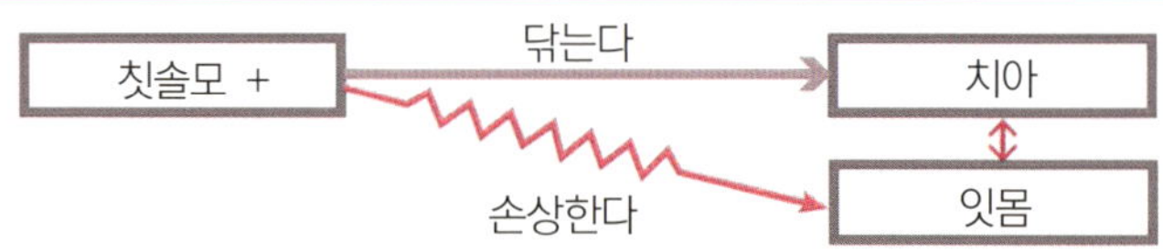
칫솔모가 치아를 닦아야 하는데, 잇몸을 손상하는 문제가 발생한다.
〈순기능〉
〈역기능〉</td></tr>
<tr><td>〈대안설정 Options〉
· 실천 가능한 대안의 열거
· 실행 프로세스, 방법에 대한 점검
· 최적안의 선택</td><td colspan="3">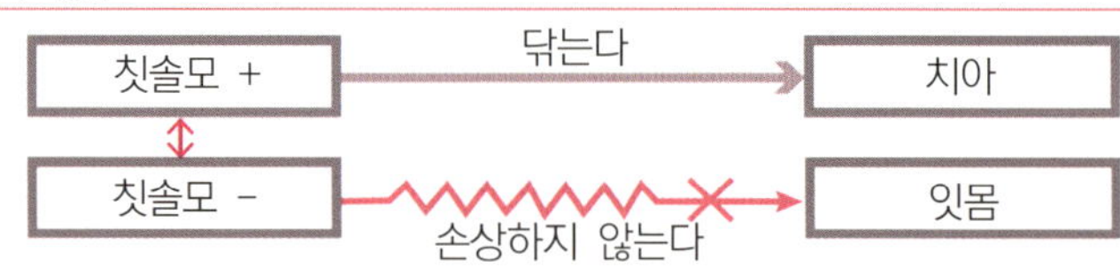
창의적인 해결책은 칫솔모를 제거하는 것이다. 문제의 원천인 칫솔모를 제거하는 것이다. 칫솔모가 없으면서 치아를 닦고, 잇몸을 손상하지 않는 방법을 찾는 것이다.
강력한 아이디어는 칫솔모는 있어야 하기도 하고, 없어야 하기도 한 것이다. 좀 더 현실적으로 칫솔모는 시간, 공간, 조건에 따라 있어야 하기도 하고 없어야 하기도 하다.

〈여러분이 생각하는 아이디어를 작성해 보세요〉
1) 시간분리
2) 공간분리
3) 조건분리
4) 부분분리</td></tr>
<tr><td>〈실천의지 Will〉
· 실행계획에 대한 실천의지 확인
· 실행시 예상되는 장애요인
· 지원 받아야 될 사항 확인</td><td colspan="3">〈여러분이 생각하는 실행계획을 작성해 보세요〉
1) 플랜A : 칫솔모는 있어야 하기도 하고, 없어야 하는 방법은?
2) 플랜B : 잇몸을 손상하지 않으면서 치아를 이동하는 방법은?
3) 플랜Z : 칫솔을 사용할 수 없는 상황에서의 대안은?</td></tr>
</table>

<사례5> 화면은 있어야 하기도 하고, 없어야 하기도 하다

<table>
<tr><th colspan="4">Coaching Log</th></tr>
<tr><td>코칭시간</td><td></td><td>코칭장소</td><td></td></tr>
<tr><td>코치성명</td><td></td><td>고객성명</td><td></td></tr>
<tr><td>코칭 프로세스</td><td colspan="3">코칭활동</td></tr>
<tr><td>〈코칭목표 Goal〉
· 편안한 분위기 조성
· 코칭과제의 확인
· 코칭과제가 해결된 바람직한 모습</td><td colspan="3">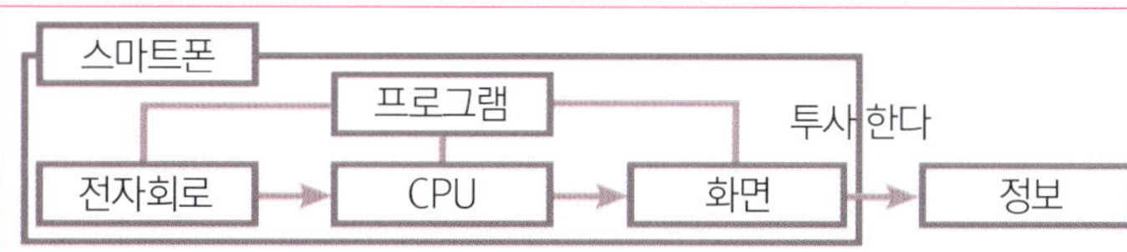

스마트폰은 전자회로에서 전기를 충전하여 CPU를 통해 화면에 에너지를 전달하는 장치이며, 프로그램으로 에너지를 조정한다. 스마트폰이 정보를 투사하는 일은 매우 중요하다. 전자회로, CPU, 화면, 프로그램을 활용하여 스마트폰의 이상적인 모습을 생각한다.</td></tr>
<tr><td>〈현상확인 Reality〉
· 과제 발생 영역, 범위의 명료화
· 바람직한 상태와 현재 상태의 차이 인식
· 자신에게 미치는 영향 확인</td><td colspan="3">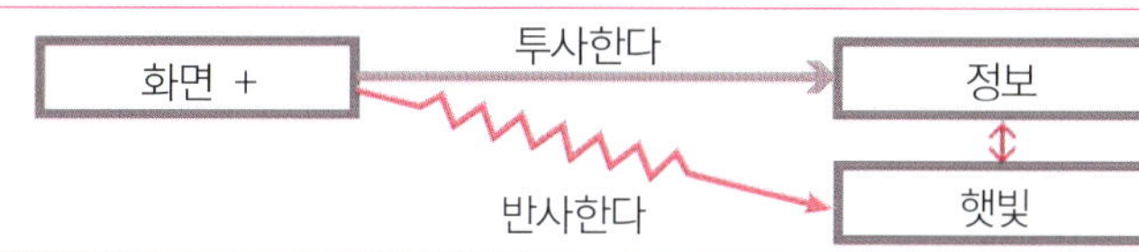

화면이 정보를 투사해야 하는데, 햇빛이 반사하는 문제가 발생한다.
〈순기능〉
〈역기능〉</td></tr>
<tr><td>〈대안설정 Options〉
· 실천 가능한 대안의 열거
· 실행 프로세스, 방법에 대한 점검
· 최적안의 선택</td><td colspan="3">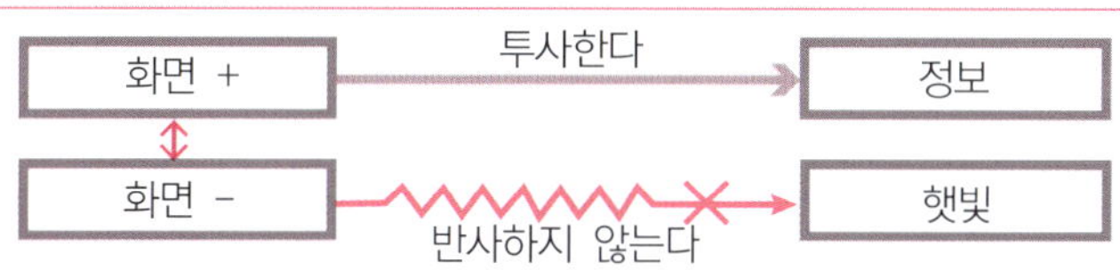

창의적인 해결책은 화면을 제거하는 것이다. 문제의 원천인 화면을 제거하는 것이다. 화면이 없으면서 정보를 투사하고, 햇빛을 반사하지 않는 방법을 찾는 것이다.
강력한 아이디어는 화면이 있어야 하기도 하고, 없어야 하기도 한 것이다. 좀 더 현실적으로 화면은 시간, 공간, 조건에 따라 있어야 하기도 하고 없어야 하기도 하다.

〈여러분이 생각하는 아이디어를 작성해 보세요〉
1) 시간분리
2) 공간분리
3) 조건분리
4) 부분분리</td></tr>
<tr><td>〈실천의지 Will〉
· 실행계획에 대한 실천의지 확인
· 실행시 예상되는 장애 요인
· 지원 받아야 될 사항 확인</td><td colspan="3">〈여러분이 생각하는 실행계획을 작성해 보세요〉
1) 플랜A : 화면은 있어야 하기도 하고, 없어야 하는 방법은?
2) 플랜B : 헷빛을 반사하지 않으면서 정보를 투사하는 방법은?
3) 플랜Z : 스마트폰을 사용할 수 없는 상황에서의 대안은?</td></tr>
</table>

<사례6> 바퀴는 있어야 하기도 하고, 없어야 하기도 하다

<table>
<tr><th colspan="4">Coaching Log</th></tr>
<tr><td>코칭시간</td><td></td><td>코칭장소</td><td></td></tr>
<tr><td>코치성명</td><td></td><td>고객성명</td><td></td></tr>
<tr><td>코칭 프로세스</td><td colspan="3">코칭활동</td></tr>
<tr><td>〈코칭목표 Goal〉
· 편안한 분위기 조성
· 코칭과제의 확인
· 코칭과제가 해결된 바람직한 모습</td><td colspan="3">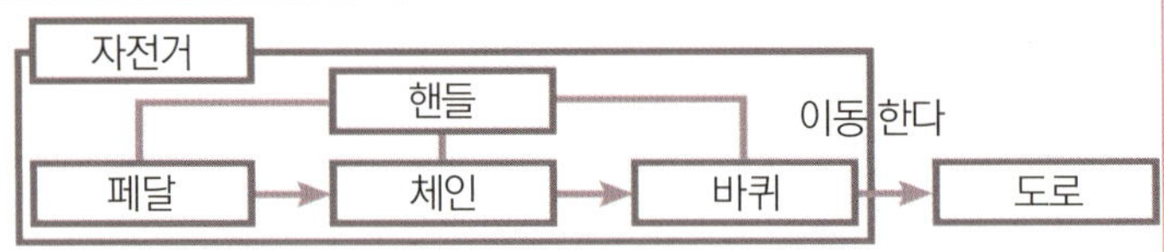

자전거는 페달에서 힘을 받아 체인을 통해 바퀴에 에너지를 전달하는 장치이며, 핸들로 에너지를 조정한다. 자전거가 도로를 이동하는 일은 매우 중요하다. 페달, 체인, 바퀴, 핸들을 활용하여 자전거의 이상적인 모습을 생각한다.</td></tr>
<tr><td>〈현상확인 Reality〉
· 과제 발생 영역, 범위의 명료화
· 바람직한 상태와 현재 상태의 차이 인식
· 자신에게 미치는 영향 확인</td><td colspan="3">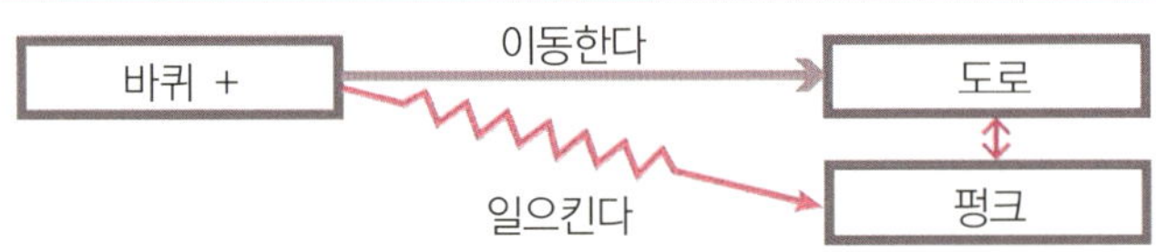

바퀴가 도로를 이동해야 하는데, 펑크를 일으키는 문제가 발생한다.
〈순기능〉
〈역기능〉</td></tr>
<tr><td>〈대안설정 Options〉
· 실천 가능한 대안의 열거
· 실행 프로세스, 방법에 대한 점검
· 최적안의 선택</td><td colspan="3">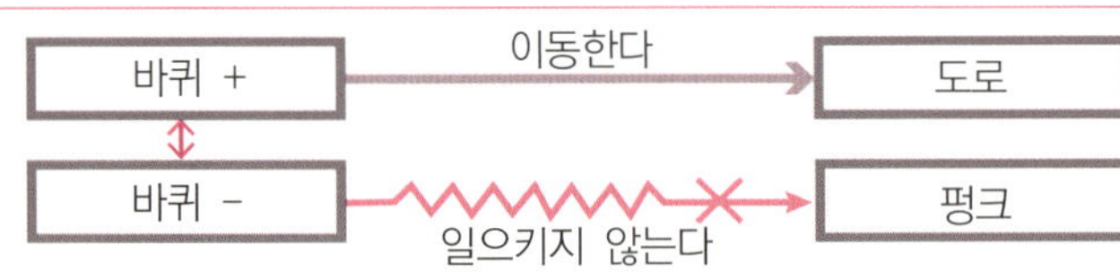

창의적인 해결책은 바퀴를 제거하는 것이다. 문제의 원천인 바퀴를 제거하는 것이다. 바퀴가 없으면서 도로를 이동하고, 펑크를 일으키지 않는 방법을 찾는 것이다.
강력한 아이디어는 바퀴가 있어야 하기도 하고, 없어야 하기도 한 것이다. 좀 더 현실적으로 바퀴는 시간, 공간, 조건에 따라 있어야 하기도 하고 없어야 하기도 하다.

〈여러분이 생각하는 아이디어를 작성해 보세요〉
1) 시간분리
2) 공간분리
3) 조건분리
4) 부분분리</td></tr>
<tr><td>〈실천의지 Will〉
· 실행계획에 대한 실천 의지 확인
· 실행시 예상되는 장애 요인
· 지원 받아야 될 사항 확인</td><td colspan="3">〈여러분이 생각하는 실행계획을 작성해 보세요〉
1) 플랜A : 바퀴는 있어야 하기도 하고, 없어야 하는 방법은?
2) 플랜B : 펑크를 일으키지 않으면서 도로를 이동하는 방법은?
3) 플랜Z : 자전거를 사용할 수 없는 상황에서의 대안은?</td></tr>
</table>

<사례7> 쇄빙장치는 있어야 하기도 하고, 없어야 하기도 하다

<table>
<tr><th colspan="4">Coaching Log</th></tr>
<tr><td>코칭시간</td><td></td><td>코칭장소</td><td></td></tr>
<tr><td>코치성명</td><td></td><td>고객성명</td><td></td></tr>
<tr><td>코칭 프로세스</td><td colspan="3">코칭활동</td></tr>
<tr><td>〈코칭목표 Goal〉
· 편안한 분위기 조성
· 코칭과제의 확인
· 코칭과제가 해결된 바람직한 모습</td><td colspan="3">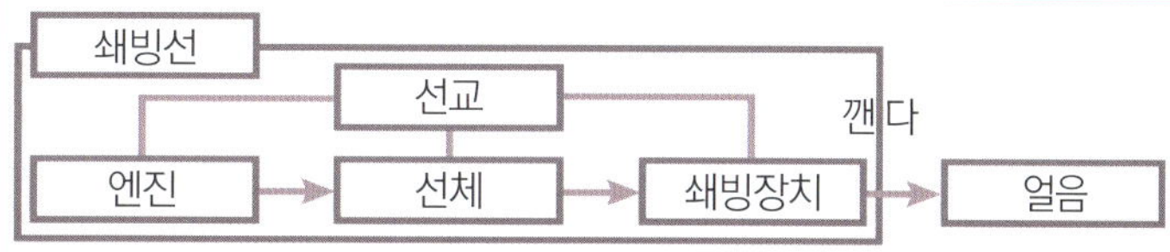

쇄빙선은 엔진에서 전기를 충전하여 선체를 통해 쇄빙장치에 에너지를 전달하는 장치이며, 선교에서 에너지를 조정한다. 쇄빙선이 얼음을 깨는 일은 매우 중요하다. 엔진, 선체, 쇄빙장치, 선교를 활용하여 쇄빙선의 이상적인 모습을 생각한다.</td></tr>
<tr><td>〈현상확인 Reality〉
· 과제 발생 영역, 범위의 명료화
· 바람직한 상태와 현재 상태의 차이 인식
· 자신에게 미치는 영향 확인</td><td colspan="3">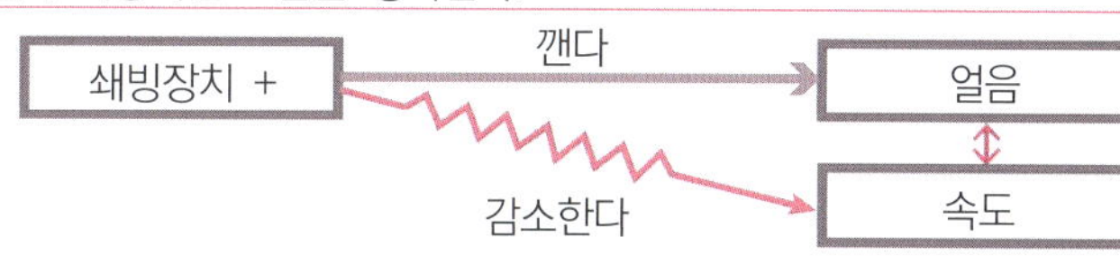

쇄빙장치가 얼음을 깨야 하는데, 배의 속도를 감소하는 문제가 발생한다.
〈순기능〉
〈역기능〉</td></tr>
<tr><td>〈대안설정 Options〉
· 실천 가능한 대안의 열거
· 실행 프로세스, 방법에 대한 점검
· 최적안의 선택</td><td colspan="3">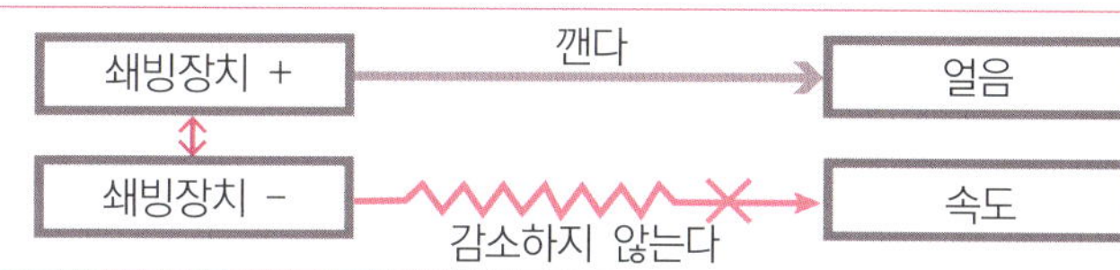

창의적인 해결책은 쇄빙장치를 제거하는 것이다. 문제의 원천인 쇄빙장치를 제거하는 것이다. 쇄빙장치가 없으면서 얼음을 깨고, 속도를 감소하지 않는 방법을 찾는 것이다.
강력한 아이디어는 쇄빙장치는 있어야 하기도 하고, 없어야 하기도 한 것이다. 좀 더 현실적으로 쇄빙장치는 시간, 공간, 조건에 따라 있어야 하기도 하고 없어야 하기도 하다.

〈여러분이 생각하는 아이디어를 작성해 보세요〉
1) 시간분리
2) 공간분리
3) 조건분리
4) 부분분리</td></tr>
<tr><td>〈실천의지 Will〉
· 실행계획에 대한 실천 의지 확인
· 실행시 예상되는 장애 요인
· 지원 받아야 될 사항 확인</td><td colspan="3">〈여러분이 생각하는 실행계획을 작성해 보세요〉
1) 플랜A : 쇄빙장치는 있어야 하기도 하고, 없어야 하는 방법은?
2) 플랜B : 속도를 감소하지 않으면서 얼음을 깨는 방법은?
3) 플랜Z : 쇄빙선을 사용할 수 없는 상황에서의 대안은?</td></tr>
</table>

<사례8> 흡입구는 있어야 하기도 하고, 없어야 하기도 하다

Coaching Log			
코칭시간		코칭장소	
코치성명		고객성명	
코칭 프로세스	코칭활동		
〈코칭목표 Goal〉 · 편안한 분위기 조성 · 코칭과제의 확인 · 코칭과제가 해결된 바람직한 모습	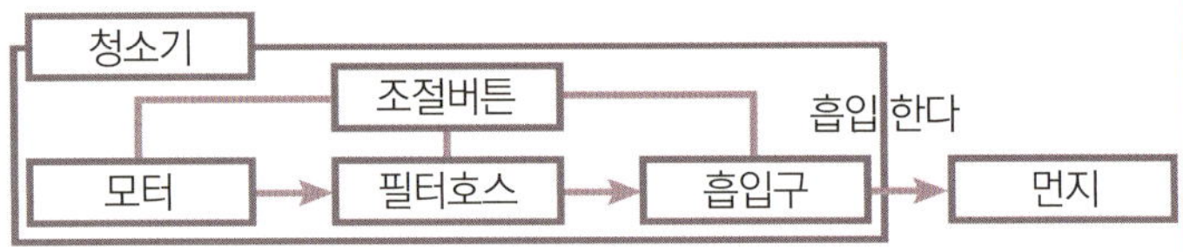 청소기는 모터에서 전기를 충전하여 필터호스를 통해 흡입구에 에너지를 전달하는 장치이며, 조절버튼으로 에너지를 조정한다. 청소기가 먼지를 흡입하는 일은 매우 중요하다. 모터, 필터호스, 흡입구. 조절버튼을 활용하여 청소기의 이상적인 모습을 생각한다.		
〈현상확인 Reality〉 · 과제 발생 영역, 범위의 명료화 · 바람직한 상태와 현재 상태의 차이 인식 · 자신에게 미치는 영향 확인	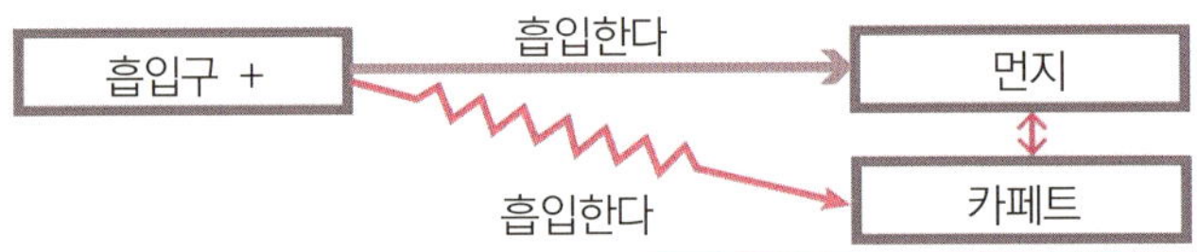 흡입구가 먼지를 흡입해야 하는데, 카페트를 흡입하는 문제가 발생한다. 〈순기능〉 〈역기능〉		
〈대안설정 Options〉 · 실천 가능한 대안의 열거 · 실행 프로세스, 방법에 대한 점검 · 최적안의 선택	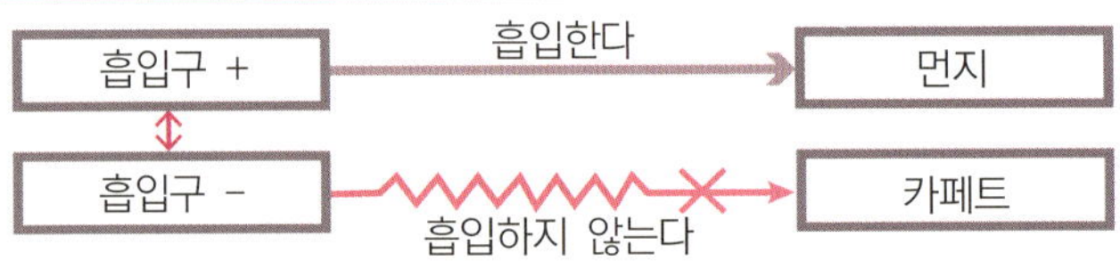 창의적인 해결책은 흡입구를 제거하는 것이다. 문제의 원천인 흡입구를 제거하는 것이다. 흡입구가 없으면서 먼지를 흡입하고, 카페트를 흡입하지 않는 방법을 찾는 것이다. 강력한 아이디어는 흡입구가 있어야 하기도 하고, 없어야 하기도 한 것이다. 좀 더 현실적으로 흡입구는 시간, 공간, 조건에 따라 있어야 하기도 하고 없어야 하기도 하다. 1) 시간분리 2) 공간분리 3) 조건분리 4) 부분분리		
〈실천의지 Will〉 · 실행계획에 대한 실천의지 확인 · 실행시 예상되는 장애 요인 · 지원 받아야 될 사항 확인	〈여러분이 생각하는 실행계획을 작성해 보세요〉 1) 플랜A : 흡입구는 있어야 하기도 하고, 없어야 하는 방법은? 2) 플랜B : 카페트를 흡입하지 않으면서 먼지를 흡입하는 방법은? 3) 플랜Z : 청소기를 사용할 수 없는 상황에서의 대안은?		

<사례9> 펀치/다이는 있어야 하기도 하고, 없어야 하기도 하다

<table>
<tr><th colspan="4">Coaching Log</th></tr>
<tr><td>코칭시간</td><td></td><td>코칭장소</td><td></td></tr>
<tr><td>코치성명</td><td></td><td>고객성명</td><td></td></tr>
<tr><td>코칭 프로세스</td><td colspan="3">코칭활동</td></tr>
<tr><td>〈코칭목표 Goal〉
· 편안한 분위기 조성
· 코칭과제의 확인
· 코칭과제가 해결된 바람직한 모습</td><td colspan="3">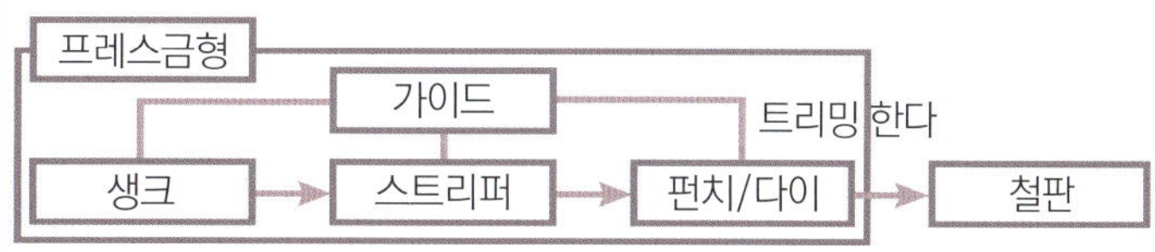

프레스금형은 생크에서 힘을 받아 스트리퍼를 통해 펀치/다이에 에너지를 전달하는 장치이며, 가이드로 에너지를 조정한다. 프레스금형이 철판을 트리밍하는 일은 매우 중요하다. 생크, 스트리퍼, 펀치/다이, 가이드를 활용하여 프레스금형의 이상적인 모습을 생각한다.</td></tr>
<tr><td>〈현상확인 Reality〉
· 과제 발생 영역, 범위의 명료화
· 바람직한 상태와 현재 상태의 차이 인식
· 자신에게 미치는 영향 확인</td><td colspan="3">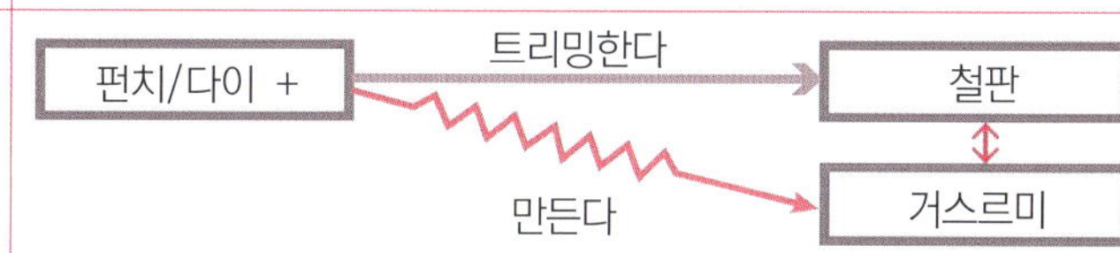

펀치/다이가 철판을 트리밍해야 하는데, 거스르미를 만드는 문제가 발생한다.
〈순기능〉
〈역기능〉</td></tr>
<tr><td>〈대안설정 Options〉
· 실천 가능한 대안의 열거
· 실행 프로세스, 방법에 대한 점검
· 최적안의 선택</td><td colspan="3">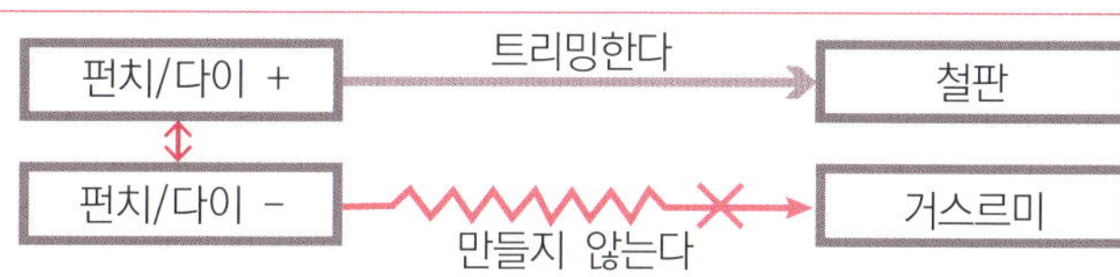

창의적인 해결책은 펀치/다이를 제거하는 것이다. 문제의 원천인 펀치/다이를 제거하는 것이다. 펀치/다이가 없으면서 철판을 트리밍하고, 거스르미를 만들지 않는 방법을 찾는 것이다.
강력한 아이디어는 펀치/다이가 있어야 하기도 하고, 없어야 하기도 한 것이다. 좀 더 현실적으로 펀치/다이는 시간, 공간, 조건에 따라 있어야 하기도 하고 없어야 하기도 하다.

〈여러분이 생각하는 아이디어를 작성해 보세요〉
1) 시간분리
2) 공간분리
3) 조건분리
4) 부분분리</td></tr>
<tr><td>〈실천의지 Will〉
· 실행계획에 대한 실천의지 확인
· 실행시 예상되는 장애요인
· 지원 받아야 될 사항 확인</td><td colspan="3">〈여러분이 생각하는 실행계획을 작성해 보세요〉
1) 플랜A : 펀치/다이는 있어야 하기도 하고, 없어야 하는 방법은?
2) 플랜B : 거스르미를 만들지 않으면서 철판을 트리밍하는 방법은?
3) 플랜Z : 프레스금형을 사용할 수 없는 상황에서의 대안은?</td></tr>
</table>

<사례10> 베드는 있어야 하기도 하고, 없어야 하기도 하다

<table>
<tr><th colspan="4">Coaching Log</th></tr>
<tr><td>코칭시간</td><td></td><td>코칭장소</td><td></td></tr>
<tr><td>코치성명</td><td></td><td>고객성명</td><td></td></tr>
<tr><td>코칭 프로세스</td><td colspan="3">코칭활동</td></tr>
<tr><td>〈코칭목표 Goal〉
· 편안한 분위기 조성
· 코칭과제의 확인
· 코칭과제가 해결된 바람직한 모습</td><td colspan="3">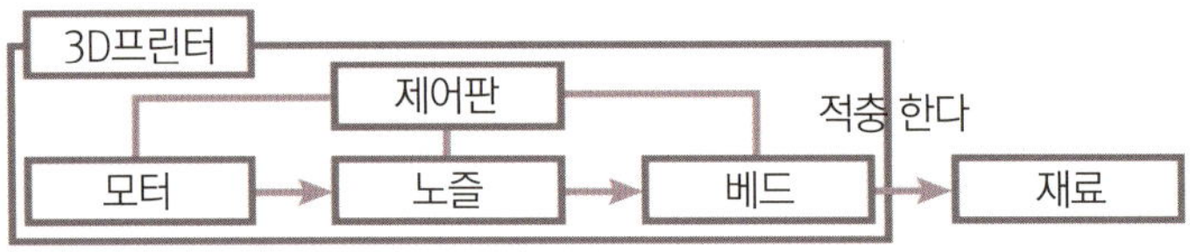

3D프린터는 모터에서 전기를 충전하여 노즐을 통해 베드에 에너지를 전달하는 장치이며, 제어판으로 에너지를 조정한다. 3D프린터가 재료를 적층하는 일은 매우 중요하다. 모터, 노즐, 베드, 제어판을 활용하여 3D프린터의 이상적인 모습을 생각한다.</td></tr>
<tr><td>〈현상확인 Reality〉
· 과제 발생 영역, 범위의 명료화
· 바람직한 상태와 현재 상태의 차이 인식
· 자신에게 미치는 영향 확인</td><td colspan="3">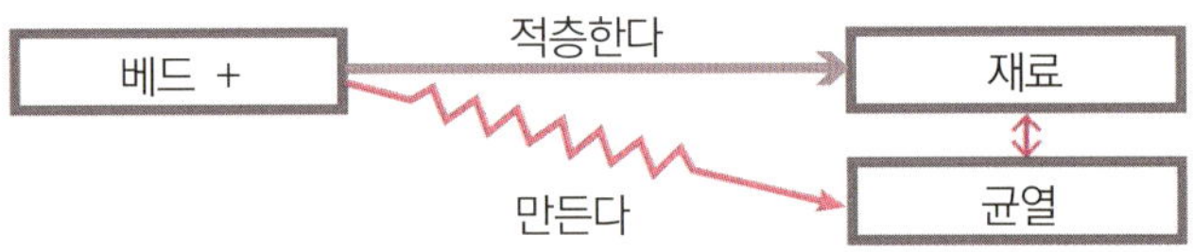

베드가 재료를 적층해야 하는데, 균열을 만드는 문제가 발생한다.
〈역기능〉</td></tr>
<tr><td>〈대안설정 Options〉
· 실천 가능한 대안의 열거
· 실행 프로세스, 방법에 대한 점검
· 최적안의 선택</td><td colspan="3">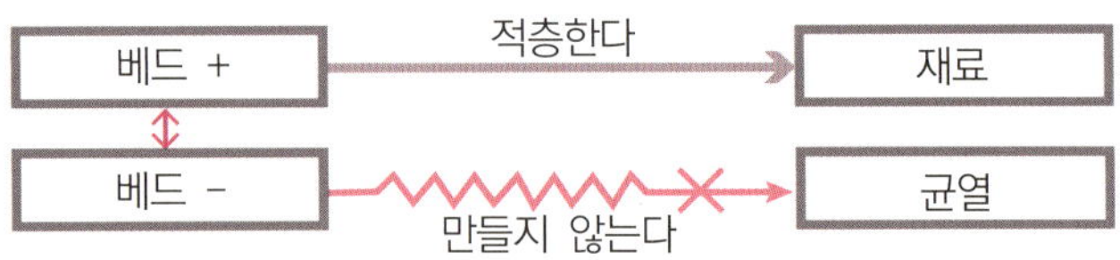

창의적인 해결책은 베드를 제거하는 것이다. 문제의 원천인 베드를 제거하는 것이다. 베드가 없으면서 재료를 적층하고, 균열을 만들지 않는 방법을 찾는 것이다.
강력한 아이디어는 베드는 있어야 하기도 하고, 없어야 하기도 한 것이다. 좀 더 현실적으로 베드는 시간, 공간, 조건에 따라 있어야 하기도 하고 없어야 하기도 하다.

〈여러분이 생각하는 아이디어를 작성해 보세요〉
1) 시간분리
2) 공간분리
3) 조건분리
4) 부분분리</td></tr>
<tr><td>〈실천의지 Will〉
· 실행계획에 대한 실천 의지 확인
· 실행시 예상되는 장애 요인
· 지원 받아야 될 사항 확인</td><td colspan="3">〈여러분이 생각하는 실행계획을 작성해 보세요〉
1) 플랜A : 베드는 있어야 하기도 하고, 없어야 하는 방법은?
2) 플랜B : 균열을 만들지 않으면서 재료를 적층하는 방법은?
3) 플랜Z : 3D프린터를 사용할 수 없는 상황에서의 대안은?</td></tr>
</table>

창업경영 분야
트리즈코칭

1. 창업에서 원하는 것

영화 'BENT'에서

자네 할아버지가 선착장 옆에서 시가, 낚시도구를 팔곤 했었지!
거기서 자네 아버지를 만나서
아마 13살 때였을 거야
난 미끼를 파는 장사를 했어.
어느 날 건달 두 놈이 와서 내 가판대를 뺏으려 했어.
날 내쫓아 버렸지!
모든 걸 뺏어 갔어.
놈들을 죽이고 싶었어.
내 인생에서 제일 소중한 거였거든
여기 있는 이런 미끼용 칼로
그 자식들을 저미고 싶었지.
하지만 자네 아버지가….
내 생각을 알고
잘 생각해보라고 했어.
자네 아버지가 그랬지. '제일 원하는 게 뭐야?'
난 놈들을 죽이고 싶다고 했어.
네 아버지는 안 된다며 반대했지.
'네가 정말 원하는 건 가판대를 찾는 거야'라고 했어
그래서 그 말을 듣고 가판대를 강 밑으로 옮겨서
그 가판대로 처음보다 돈을 더 많이 벌었어.
무슨 말인지 알겠나?
자네 아버지가 아니었으면
내가 어떻게 됐을지 아무도 몰라
아마 죽었을 거야
더 끔찍했을지도 모르지.

영화의 이야기가 사소하게 들릴지 모르지만, 트리즈의 기법 중에 STC Operator 기법을 활용하면 사소한 이야기는 더 이상 사소한 이야기가 아니다. STC Operator는 S(Scope), T(Time), C(Cost)를 극소 또는 극대로 변경해 보는 기법이다. 영화의 한 장면을 극대화하면 중소기업이 시장에서 대기업에 회사를 빼앗기는 상황으로 발전할 수 있다. 이때 중소기업 사장은 2가지 선택을 하게 된다. 첫째, 대기업과 끝까지 싸워서 다시 회사를 빼앗는다. 둘째, 회사를 버리고 새로운 회사를 창업한다. 그러나 일부의 중소기업 사장들은 이런 상황에서 두 가지 방법 외에 극단적으로 자살을 선택하는 경우도 있다. 필자는 창업사관학교 등 정부에서 추진하는 정부 지원사업에 참여하면서 이런 사례들을 많이 접할 수 있었다. 어떠한 상황에서도 창업가들이 슬기롭게 대응하는 방법이 있었으면 좋겠다는 생각으로 창업 트리즈코칭 성공 요인을 찾아보았다.

경영 활동으로 우리가 원하는 것이 무엇이고, 그리고 경영은 어떻게 작동하는 것인지를 규명한 것이 경영시스템 분석이다. 알트슐러에 의하면 모든 시스템은 작동을 위한 법칙이 있다고 한다. 시스템이 작동하기 위해서는 4가지의 구성요소가 필요하다. 여기서 경영관리에서 4가지 구성요소는 계획, 실행, 체크, 액션이다. 필자는 여기에서의 액션은 단순한 액션이어서는 안 되고 수용을 해야 액션으로 연결되기 때문에 액션 대신 적용을 넣어서 계획, 실행, 체크, 적용의 4가지 구성요소로 변경하였다. 아래 그림은 4가지의 구성요소가 어떻게 작동되는지를 나타낸 것이다. 경영시스템이 작동하기 위해서는 자원이 지속적으로 들어 와야 한다. 그리고 경영시스템은 목적을 이루는 작용을 하게 된다. 경영시스템의 작동원리를 활용한 사례들은 창업경영 분야의 사례를 통해 설명하려고 한다.

<경영시스템 작동원리>

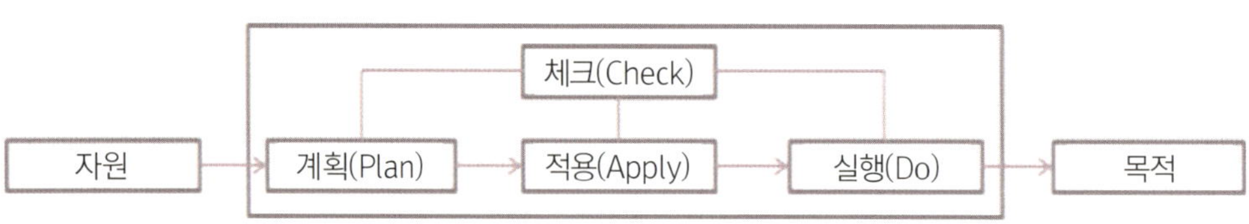

창업해 본 사람이라면 창업에 있어서 가장 중요한 항목이 무엇인가를 알 수 있을 것이다. 창업에서 가장 중요한 세 가지 항목을 얘기하라면 대부분 다음과 같이 얘기할 것이다. 가장 중요한 항목은 자금이라고 할 것이다. 그다음 중요한 것이 창업아이템이라고 할 것이다. 마지막으로 중요한 것은 시장이라고 할 것이다. 누구나 공감하는 것들을 우리는 일반화되었다고 한다. 일반적으로 창업의 핵심 3요소는 자금, 아이템, 시장이라고 할 것이다.

현대에 있어서 창업의 개념이 일반적인 용어로 사용된 것은 1990년대 실리콘밸리에서 시작된 스타트업일 것이다. 알레스 오스터왈드가 쓴 '비즈니스모델제너레이터'란 책은 스타트업 기업들이 성장하는 데 큰 도움이 되었을 것이다. 필자는 경영학을 전공하면서 다양한 논문과 책들을 연구하였고, 그것을 창업현장에서 강의와 코칭 활동을 통해 창업의 성공요소를 도출하였다. 이렇게 찾아낸 창업의 성공요소는 크게 분류하면 시장성, 경제성, 기술성이다.

첫째, 시장성은 시장에서의 성공을 위한 구성요소이다. 판매점 활동, 쇼핑몰 활동, 물류유통, 협력고객, 사용자관리, 바이어 관리, 광고홍보, SNS 활동, 인적관계 등 9가지 요소로 구성된다.

둘째, 기술성은 성공적인 창업을 위한 내부역량이다. 물적 자원, 지적자원, 인적자원, 위기대응, 관리시스템, 운영 스킬, 제품개발, 서비스개발, 브랜드개발 등 9가지 요소로 구성된다.

셋째, 경제성은 창업의 기본적인 목적으로 수익을 창출하는 것이다. 자본관리, 자산관리, 부채관리, 재무활동, 영업활동, 투자 활동, 매출관리, 원가관리, 손익관리 등 9가지 요소로 구분된다.

이들을 모아서 창업의 특성을 27가지로 제시한다. 그리고 27가지 창업경영 특성을 적용하기 위해서는 창업시스템의 4가지 필수 구성요소를 기반으로 메커니즘을 분석한 후에 창업경영 특성을 적용하는 것이 바람직할 것이다. 다음은 필자가 제안하는 창업경영모델이다. 아래의 창업경영모델을 활용하여 사업계획서를 작성하는데 활용할 수 있다.

<창업경영모델>

시장성	[고객자산] · 협력고객 · 소비자관리 · 바이어관리	[시장흐름] · 광고홍보 · SNS 활동 · 인적관계	[채널 구조] · 판매점 활동 · 쇼핑몰 활동 · 물류유통
기술성	[인지 자산] · 물적 자원 · 지적자원 · 인적자원	[가치 흐름] · 위기대응 · 관리시스템 · 운영스킬	[상품구조] · 제품개발 · 서비스개발 · 브랜드개발
경제성	[재무자산] · 자본관리 · 자산관리 · 부채관리	[현금흐름] · 재무활동 · 영업활동 · 투자 활동	[수익구조] · 매출관리 · 원가관리 · 손익관리
	투입	과정	결과

창업경영모델의 27가지 특성(parameter)에 대해 간략히 소개하면 다음과 같다. 창업경영모델은 스타트업부터 대기업까지 모두 활용할 수 있도록 개발하였다.

1. 재무활동 : 기업이 자본을 조달하고 상환하는 현금의 유입과 유출
2. 영업활동 : 순이익의 결정에 영향을 미치는 모든 거래를 포함한다. 일반적으로 제품의 생산과 상품 및 용역의 구매와 판매
3. 투자 활동 : 자금의 대여나 회수 활동, 유가증권 및 투자자산의 취득과 처분 활동 등과 같이 비유동자산에 영향을 미치는 거래로 설비투자와 건설투자로 구분한다.
4. 판매점 : 제품과 상품을 거래하는 장소로 직영점과 유통점으로 구분한다.
5. 쇼핑몰 : 인터넷으로 제품과 상품을 거래하는 가상의 공간
6. 물류유통 : 제품이나 상품을 적은 비용으로 신속하고 효율적으로 원하는 시간과 장소에 이동하는 활동
7. 물적 자원 : 인간 생활 및 경제생산에 이용되는 원료로서의 광물 등을 말함
8. 지적자원 : 지식을 활용한 새로운 가치로 특허, 실용신안, 디자인, 상표 등을 이르는 말
9. 인적자원 : 인간의 노동력이나 능력을 통틀어 이르는 말
10. 협력고객 : 제품이나 상품을 생산하는데 필요한 부품을 제공하는 고객
11. 용자 관리 : 제품이나 상품을 개별적으로 구매하여 사용하는 고객
12. 바이어 관리 : 제품이나 서비스를 대량으로 구매하는 고객
13. 위기대응 : 대내외 환경변화에 대응하는 정도
14. 관리시스템 : 경영 요소 간의 관계를 체계적으로 관리하는 정도. 제조업의 경우는 마케팅(Marketing), 생산(Production), 연구개발(Research& Development), 지원(Staff)을 말한다.
15. 운영 스킬 : 조직이나 기구, 사업체 등을 운용하는 정도

16. 매출 : 제품이나 상품을 판매하여 생긴 총액

17. 원가 : 상품의 제조, 판매, 배급 따위에 든 재화와 용역을 단위에 따라 계산한 비용

18. 손익관리 : 손해와 이익을 이르는 말로 손익계산서에서 당기이익이나 손실로 계산된다.

19. 제품개발 : 재료를 사용하여 가치를 변화한 물건을 개발하는 것

20. 서비스개발 : 생산과 소비에 필요한 지원 활동

21. 브랜드개발 : 특정 상표명으로 소비자로부터 품질에 대한 신뢰를 높이는 활동

22. 자본관리 : 사업에 투입되는 기본적인 자금

23. 자산관리 : 경제적 가치가 있는 유형, 무형의 재산. 대차대조표의 차변에 해당함

24. 부채관리 : 제삼자에게 지고 있는 금전상의 채무. 대차대조표의 대변에 해당함.

25. 광고홍보 : 상품이나 서비스에 대한 정보를 다양한 매체를 통하여 소비자에게 널리 알리는 의도적인 활동

26. SNS 활동 : Social Network Service의 줄임말로, 온라인상에서 여러 사람들과 관계를 맺을 수 있는 서비스

27. 인적관계 : 다양한 고객과의 직접적인 관계를 통해 상품이나 서비스의 차별성을 알리는 활동

2. 창업에서 원하는 것을 해결하는 40가지 방법

창업경영시스템이 원하는 것은 기본적으로 27가지의 경우로 나타내었다. 일반적인 경우에는 원하는 것을 계획한 대로 실행하면 된다. 그러나 세상의 일이란 것이 원하는 것을 얻기 어려운 경우가 많이 발생한다. 특히 새로운 일이나 기존의 답이 존재하지 않을 때에는 더욱 그렇다. 이때에는 창의적인 아이디어가 필요하다. 알트슐러는 기술혁신의 문제를 해결하는 데 있어서 창의적인 아이디어를 40가지로 정리해 놓았다. 알트슐러의 40가지 원리를 비즈니스 분야에 적용하여 발표한 책으로 트리즈협회에서 발간한 '비즈니스트리즈' 책의 내용을 기본으로 하여 창업경영에 적합하도록 약간의 변경을 하였다. 다음은 창업경영에 적합한 40가지 원리(principles)에 대해 간략히 소개한다.

1. 쪼개어 사용한다(Segment)
2. 필요한 것을 뽑아낸다(Take Out)
3. 전체를 똑같이 할 필요 없다(Local Quality)
4. 대칭이라면 비대칭으로 바꾸어 본다(Asymmetry)
5. 한 번에 여러 작업을 동시에 한다(Merge)
6. 다양한 용도로 사용한다(Universal)
7. 짝짓기를 하라(Nested Doll)
8. 평형을 맞춘다(Counterweight)
9. 미리 반대 방향으로 조처를 한다(Prior Counteraction)
10. 미리 조처를 한다(Prior Action)
11. 리스크를 예방한다(Cushion)
12. 수준을 맞춘다(Remove Tension)
13. 반대로 해본다(Other Way Round)
14. 직선을 곡선으로 바꾸어 본다(Curve)
15. 역동성을 높인다(Dynamize)

16. 지나치게 해버리거나 부족하게 한다(Slightly Less, Slightly More)
17. 차원을 바꾸어 본다(Another Dimension)
18. 다양한 자극을 활용한다(Vibrate)
19. 연속적으로 하지 않고 주기적으로 한다(Periodic Action)
20. 유용한 작용을 쉬지 않고 지속한다(Continuity of Useful Action)
21. 유해하다면 빨리 진행해 버린다(Hurry)
22. 유해한 것을 유익한 것으로 바꾼다(Blessing in Disguise)
23. 피드백을 도입한다(Feedback)
24. 직접 하지 않고 중간매개물을 이용한다(Intermediary)
25. 저절로 기능이 수행되게 한다(Self Service)
26. 선진기업을 벤치마킹한다(Copy)
27. 일회성 활동을 도입한다(Cheap Disposable)
28. 업무시스템을 발전한다(Mechanics Substitution)
29. 구조화 시킨다(Fluid)
30. 비공식활동을 강조한다(Thin and Flexible)
31. 다양성을 수용한다(Hole)
32. 조직문화를 변경한다(Color Change)
33. 동종업종의 공통성을 키운다(Homogeneous)
34. 리사이클과 업사이클을 활용한다(Discard and Recover)
35. 비즈니스 속성을 변화시킨다(Parameter Change)
36. 조직형태를 바꾼다(Phase Transition)
37. 비즈니스를 확대한다(Thermal Expansion)
38. 조직구조를 활성화한다(Enrich)
39. 조직구조를 안정화시킨다(Calm)
40. 개인 활동에서 조직활동으로 바꾼다(Composite)

3. 창업경영 모순맵

필자는 4가지 분리의 원리와 40가지 원리를 통하여 트리즈 모순맵을 작성하였다. 여러분들은 어떤 문제에 대해 기술적 모순과 물리적모순을 분리하여 생각하고, 해결할 때는 기술적 모순과 물리적모순을 통하여 생각하면 된다.

<창업경영 트리즈 모순맵>

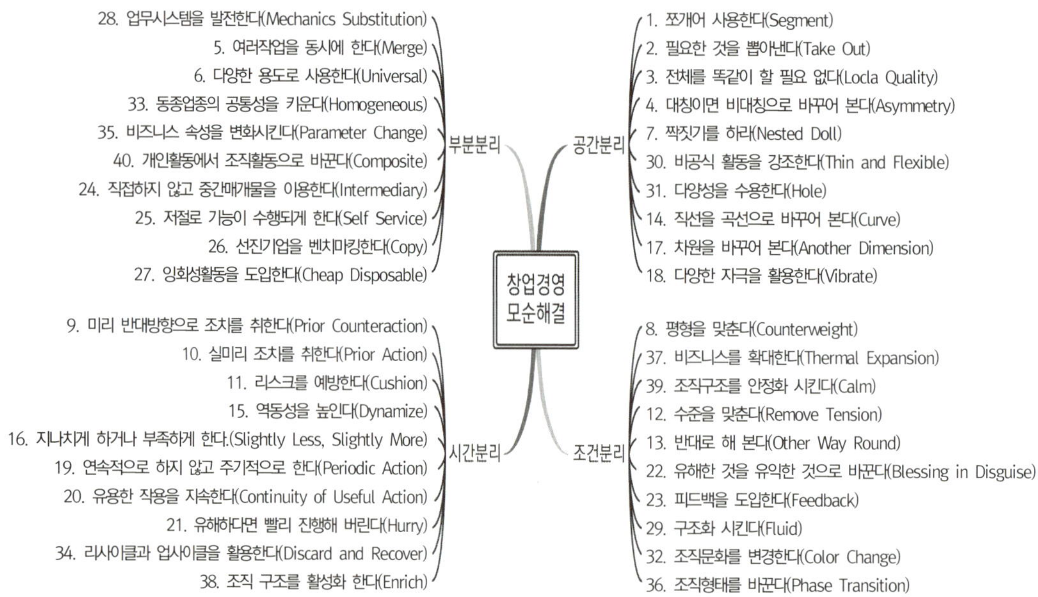

다음 장의 창업경영 분야 트리즈코칭 사례에서 그로우 코칭의 단계에 따라 트리즈의 모순으로 해결하는 사례를 10가지 제시하였다.

4. 창업경영 분야의 트리즈코칭 사례

창업경영 분야의 트리즈코칭 사례는 마이클 포터의 벨류체인을 중심으로 조직의 기능을 중심으로 사례를 작성하였다. 사례는 경영시스템의 원리와 코칭의 방법을 통해 GROW의 단계로 작성하였다.

<GROW코칭의 단계>

1단계 - 골(Goal) : 원하는 것이 무엇인가?

2단계 - 리얼리티(Reality) : 현실은 어떠한가?

3단계 - 옵션(Options) : 어떤 대안을 선택할 것인가?

4단계 - 윌(Will) : 적용을 잘 하려면?

<창업경영분야의 사례>

1) 연구 사례

2) 마케팅 사례

3) 생산 사례

4) 영업 사례

5) 인사 사례

6) 회계 사례

7) 구매 사례

8) 품질 사례

9) 전략 사례

10) 금융 사례

<사례1> 특허는 있어야 하기도 하고, 없어야 하기도 하다

<table>
<tr><th colspan="4">Coaching Log</th></tr>
<tr><td>코칭시간</td><td></td><td>코칭장소</td><td></td></tr>
<tr><td>코치성명</td><td></td><td>고객성명</td><td></td></tr>
<tr><td>코칭 프로세스</td><td colspan="3">코칭활동</td></tr>
<tr><td rowspan="2">〈코칭목표 Goal〉
· 편안한 분위기 조성
· 코칭과제의 확인
· 코칭과제가 해결된 바람직한 모습</td><td colspan="3">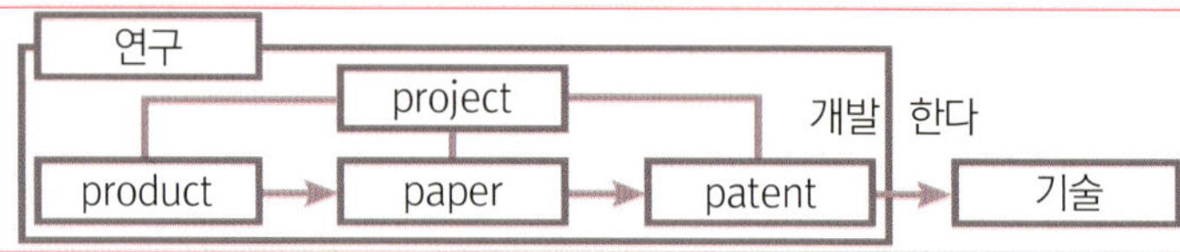
</td></tr>
<tr><td colspan="3">연구는 제품을 분석하여 연구논문을 통한 특허출원활동이며, 프로젝트성과에 대응해야 한다. 연구활동으로 기술을 개발하는 일은 매우 중요하다. 제품, 연구논문, 특허, 프로젝트를 활용하여 연구활동의 이상적인 모습을 생각한다.</td></tr>
<tr><td rowspan="2">〈현상확인 Reality〉
· 과제발생 영역, 범위의 명료화
· 바람직한 상태와 현재 상태의 차이 인식
· 자신에게 미치는 영향 확인</td><td colspan="3">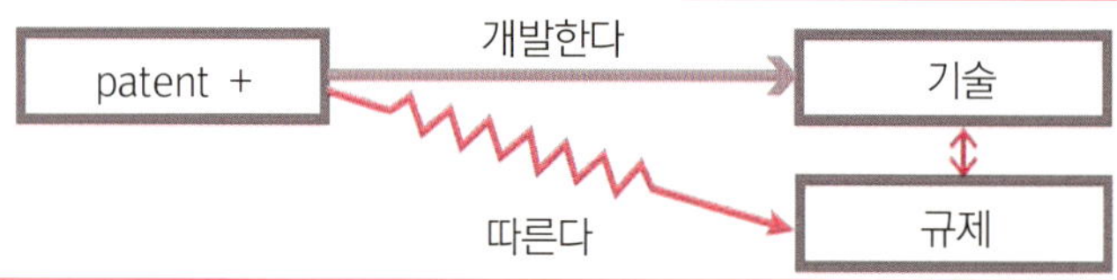
</td></tr>
<tr><td colspan="3">특허출원으로 기술을 개발해야 하는데, 규제를 따르는 문제가 발생한다.
〈순기능〉
〈역기능〉</td></tr>
<tr><td rowspan="2">〈대안설정 Options〉
· 실천 가능한 대안의 열거
· 실행 프로세스, 방법에 대한 점검
· 최적안의 선택</td><td colspan="3">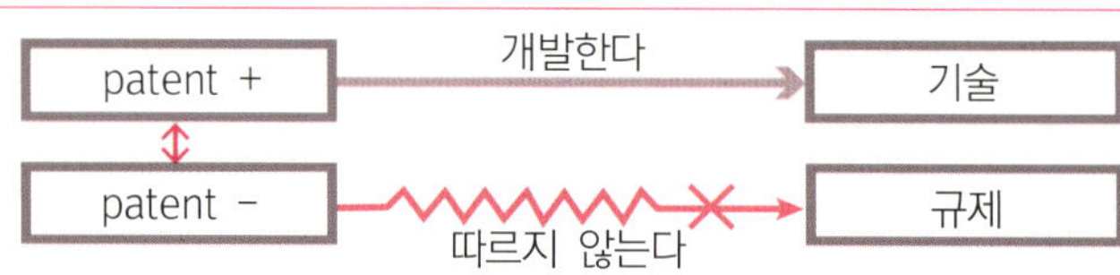
</td></tr>
<tr><td colspan="3">창의적인 해결책은 특허출원을 확보하지 않는 것이다. 문제의 원천인 특허출원을 제거하는 것이다. 특허출원이 없으면서 기술을 개발하고, 규제를 따르지 않는 방법을 찾는 것이다.
강력한 아이디어는 특허출원이 있어야 하기도 하고, 없어야 하기도 한 것이다. 좀 더 현실적으로 특허출원은 시간, 공간, 조건에 따라 있어야 하기도 하고 없어야 하기도 하다.

〈여러분이 생각하는 아이디어를 작성해 보세요〉
1) 시간분리
2) 공간분리
3) 조건분리
4) 부분분리</td></tr>
<tr><td>〈실천의지 Will〉
· 실행계획에 대한 실천의지 확인
· 실행시 예상되는 장애요인
· 지원 받아야 될 사항 확인</td><td colspan="3">〈여러분이 생각하는 실행계획을 작성해 보세요〉
1) 플랜A : 특허는 있어야 하기도 하고, 없어야 하는 방법은?
2) 플랜B : 규제를 따르지 않으면서 기술을 개발하는 방법은?
3) 플랜Z : 연구를 할 수 없는 상황에서의 대안은?</td></tr>
</table>

<사례2> 포지셔닝은 해야 하기도 하고, 하지 않아야 하기도 하다

Coaching Log			
코칭시간		코칭장소	
코치성명		고객성명	
코칭 프로세스	코칭활동		
〈코칭목표 Goal〉 · 편안한 분위기 조성 · 코칭과제의 확인 · 코칭과제가 해결된 바람직한 모습	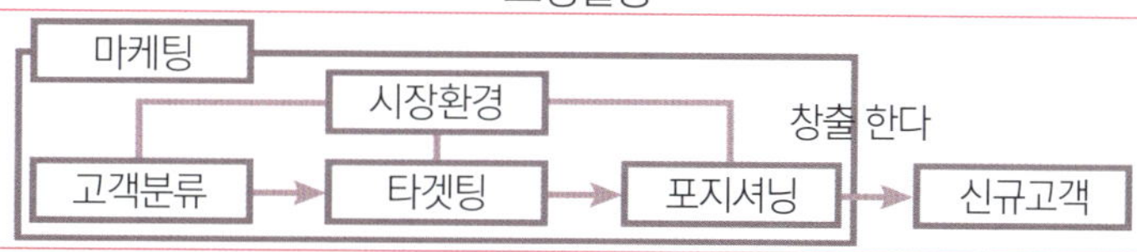 마케팅은 고객분류에서 정보를 분석하여 타게팅을 통해 포지셔닝을 이루는 활동이며, 시장환경에 대응해야 한다. 마케팅활동으로 신규고객을 창출하는 일은 매우 중요하다. 고객분류, 타게팅, 포지셔닝, 시장환경을 활용하여 마케팅의 이상적인 모습을 생각한다.		
〈현상확인 Reality〉 · 과제발생 영역, 범위의 명료화 · 바람직한 상태와 현재상태의차이인식 · 자신에게 미치는 영향 확인	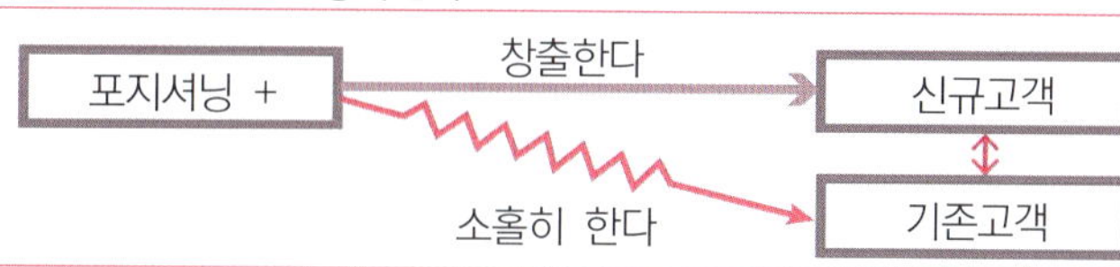 포지셔닝으로 신규고객을 창출해야 하는데, 기존고객을 소홀히 하는 문제가 발생한다. 〈순기능〉 〈역기능〉		
〈대안설정 Options〉 · 실천 가능한 대안의 열거 · 실행 프로세스, 방법에 대한 점검 · 최적안의 선택	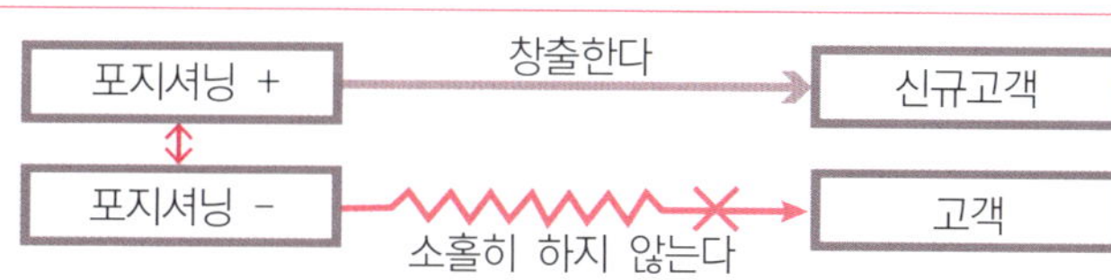 창의적인 해결책은 포지셔닝을 제거하는 것이다. 문제의 원천인 포지셔닝을 제거하는 것이다. 포지셔닝을 하지 않으면서 신규고객을 창출하고, 기존고객을 소홀히 하지 않는 방법을 찾는 것이다. 강력한 아이디어는 포지셔닝 있어야 하기도 하고, 없어야 하기도 한 것이다. 좀 더 현실적으로 포지셔닝은 시간, 공간, 조건에 따라 있어야 하기도 하고 없어야 하기도 하다. 〈여러분이 생각하는 아이디어를 작성해 보세요〉 1) 시간분리 2) 공간분리 3) 조건분리 4) 부분분리		
〈실천의지 Will〉 · 실행계획에 대한 실천의지 확인 · 실행시 예상되는 장애요인 · 지원 받아야 될 사항 확인	〈여러분이 생각하는 실행계획을 작성해 보세요〉 1) 플랜A : 포지셔닝은 해야 하기도 하고, 하지 않아야 하는 방법은? 2) 플랜B : 기존고객을 소홀히 하지 않으면서 신규고객을 창출하는 방법은? 3) 플랜Z : 마케팅을 할 수 없는 상황에서의 대안은?		

<사례3> 설비는 있어야 하기도 하고, 없어야 하기도 하다

<table>
<tr><th colspan="4">Coaching Log</th></tr>
<tr><td>코칭시간</td><td></td><td>코칭장소</td><td></td></tr>
<tr><td>코치성명</td><td></td><td>고객성명</td><td></td></tr>
<tr><td>코칭 프로세스</td><td colspan="3">코칭활동</td></tr>
<tr><td>〈코칭목표 Goal〉
· 편안한 분위기 조성
· 코칭과제의 확인
· 코칭과제가 해결된 바람직한 모습</td><td colspan="3">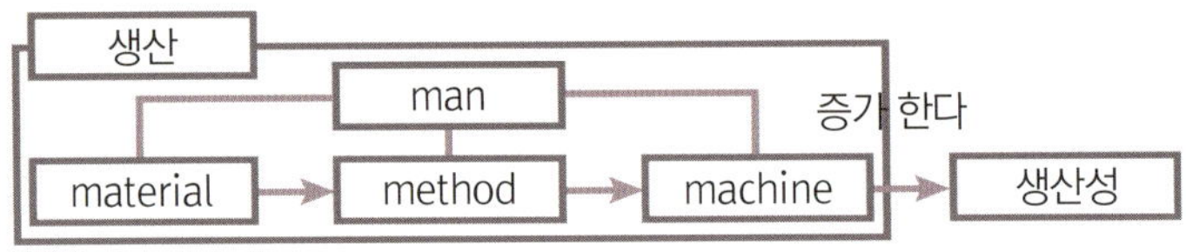

생산은 재료를 입고하여 다양한 방법으로 설비를 가동하는 것이며, 사람이 생산활동을 조정한다. 설비로 생산성을 증가하는 일은 매우 중요하다. 재료, 방법, 설비, 사람을 활용하여 생산의 이상적인 모습을 생각한다.</td></tr>
<tr><td>〈현상확인 Reality〉
· 과제발생 영역, 범위의 명료화
· 바람직한 상태와 현재 상태의 차이 인식
· 자신에게 미치는 영향 확인</td><td colspan="3">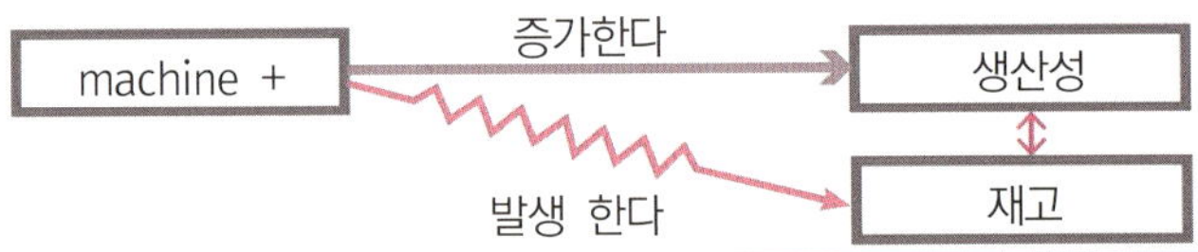

설비활동으로 생산성을 증가해야 하는데, 재고를 발생하는 문제가 문제가 발생한다.
〈순기능〉
〈역기능〉</td></tr>
<tr><td>〈대안설정 Options〉
· 실천 가능한 대안의 열거
· 실행 프로세스, 방법에 대한 점검
· 최적안의 선택</td><td colspan="3">

창의적인 해결책은 설비를 제거하는 것이다. 문제의 원천인 설비를 제거하는 것이다. 설비를 고려하지 않으면서 생산성을 증가하고, 재고는 발생하지 않는 방법을 찾는 것이다.
강력한 아이디어는 설비는 있어야 하기도 하고, 없어야 하기도 한 것이다. 좀 더 현실적으로 설비는 시간, 공간, 조건에 따라 있어야 하기도 하고 없어야 하기도 하다.

〈여러분이 생각하는 아이디어를 작성해 보세요〉
1) 시간분리
2) 공간분리
3) 조건분리
4) 부분분리</td></tr>
<tr><td>〈실천의지 Will〉
· 실행계획에 대한 실천의지 확인
· 실행시 예상되는 장애 요인
· 지원받아야 될 사항 확인</td><td colspan="3">〈여러분이 생각하는 실행계획을 작성해 보세요〉
1) 플랜A : 설비는 있어야 하기도 하고, 없어야 하는 방법은?
2) 플랜B : 재고를 발생하지 않으면서 생산성을 증가하는 방법은?
3) 플랜Z : 생산을 할 수 없는 상황에서의 대안은?</td></tr>
</table>

<사례4> 광고활동은 있어야 하기도 하고, 없어야 하기도 하다

<table>
<tr><th colspan="4">Coaching Log</th></tr>
<tr><td>코칭시간</td><td></td><td>코칭장소</td><td></td></tr>
<tr><td>코치성명</td><td></td><td>고객성명</td><td></td></tr>
<tr><td>코칭 프로세스</td><td colspan="3">코칭활동</td></tr>
<tr><td rowspan="2">〈코칭목표 Goal〉
· 편안한 분위기 조성
· 코칭과제의 확인
· 코칭과제가 해결된 바람직한 모습</td><td colspan="3">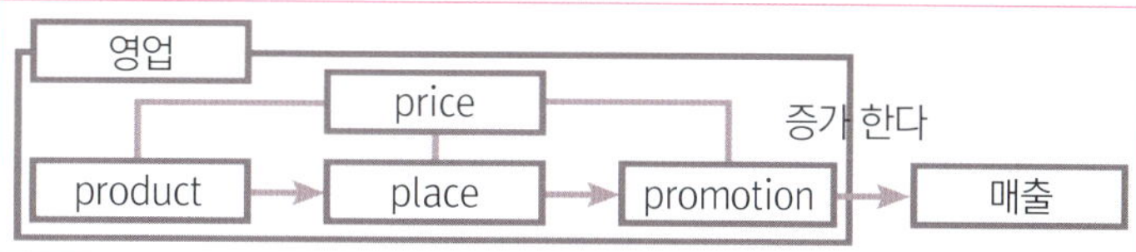
</td></tr>
<tr><td colspan="3">영업은 상품을 가지고 유통하면서 광고를 하는 활동이며, 가격으로 활동을 조정한다. 광고활동으로 영업매출을 증가하는 일은 매우 중요하다. 상품, 유통, 광고, 가격 활용하여 영업의 이상적인 모습을 생각한다.</td></tr>
<tr><td rowspan="2">〈현상확인 Reality〉
· 과제 발생 영역, 범위의 명료화
· 바람직한 상태와 현재 상태의 차이 인식
· 자신에게 미치는 영향 확인</td><td colspan="3">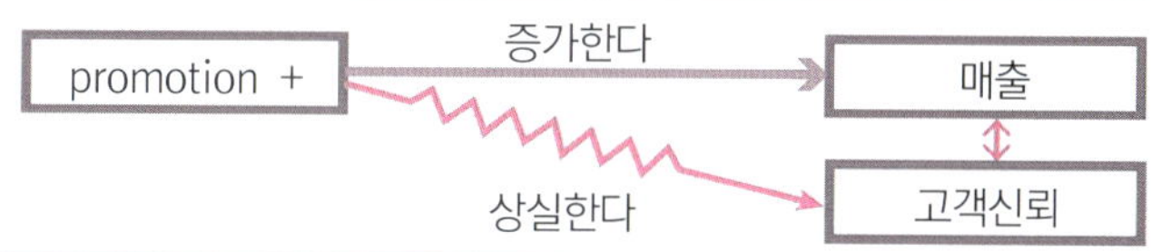
</td></tr>
<tr><td colspan="3">광고활동으로 영업매출을 증가해야 하는데, 고객 신뢰를 상실하는 문제가 발생한다.
〈순기능〉
〈역기능〉</td></tr>
<tr><td rowspan="2">〈대안설정 Options〉
· 실천 가능한 대안의 열거
· 실행 프로세스, 방법에 대한 점검
· 최적안의 선택</td><td colspan="3">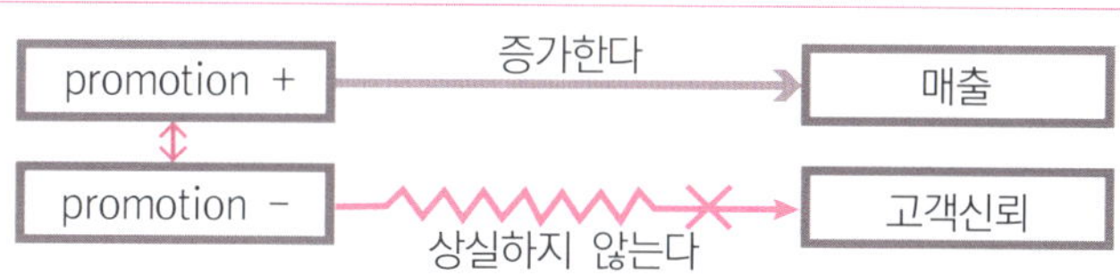
</td></tr>
<tr><td colspan="3">창의적인 해결책은 광고활동을 제거하는 것이다. 문제의 원천인 광고활동을 제거하는 것이다. 광고활동이 없으면서 영업매출을 증가하고, 고객 신뢰를 상실하지 않는 방법을 찾는 것이다.
강력한 아이디어는 광고활동은 있어야 하기도 하고, 없어야 하기도 한 것이다. 좀 더 현실적으로 광고활동은 시간, 공간, 조건에 따라 있어야 하기도 하고 없어야 하기도 하다.

〈여러분이 생각하는 아이디어를 작성해 보세요〉
1) 시간분리
2) 공간분리
3) 조건분리
4) 부분분리</td></tr>
<tr><td>〈실천의지 Will〉
· 실행계획에 대한 실천의지 확인
· 실행시 예상되는 장애요인
· 지원 받아야 될 사항 확인</td><td colspan="3">〈여러분이 생각하는 실행계획을 작성해 보세요〉
1) 플랜A : 광고활동은 있어야 하기도 하고, 없어야 하는 방법은?
2) 플랜B : 고객신뢰를 상실하지 않으면서 매출을 증가하는 방법은?
3) 플랜Z : 영업을 할 수 없는 상황에서의 대안은?</td></tr>
</table>

<사례5> 승진/교육은 있어야 하기도 하고, 없어야 하기도 하다

Coaching Log			
코칭시간		코칭장소	
코치성명		고객성명	
코칭 프로세스	코칭활동		
〈코칭목표 Goal〉 · 편안한 분위기 조성 · 코칭과제의 확인 · 코칭과제가 해결된 바람직한 모습	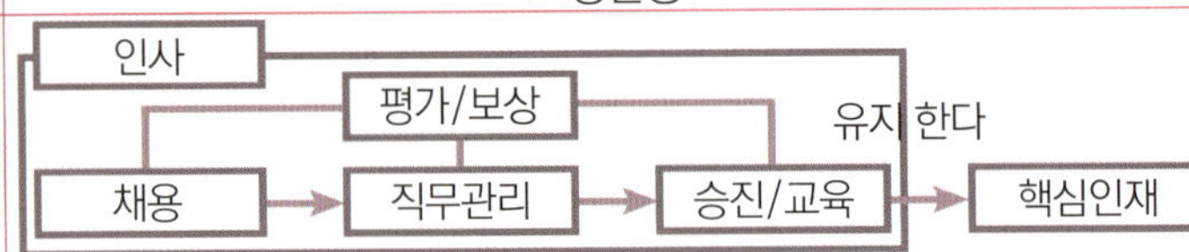 인사는 채용으로 직무관리를 통해 승진/교육으로 에너지를 전달하는 활동이며, 평가/보상으로 조정한다. 인사활동으로 핵심인재를 유지하는 일은 매우 중요하다. 채용, 직무관리, 승진/교육, 평가/보상을 활용하여 인사의 이상적인 모습을 생각한다.		
〈현상확인 Reality〉 · 과제 발생 영역, 범위의 명료화 · 바람직한 상태와 현재 상태의 차이 인식 · 자신에게 미치는 영향 확인	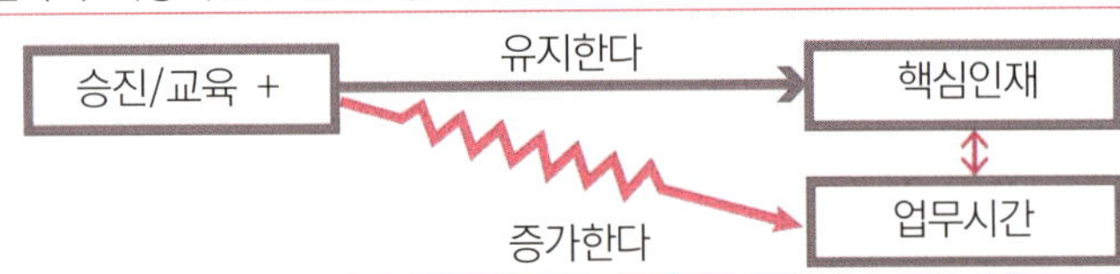 승진/교육으로 핵심인재를 유지해야 하는데, 업무시간을 증가하는 문제가 발생한다. 〈순기능〉 〈역기능〉		
〈대안설정 Options〉 · 실천 가능한 대안의 열거 · 실행 프로세스, 방법에 대한 점검 · 최적안의 선택	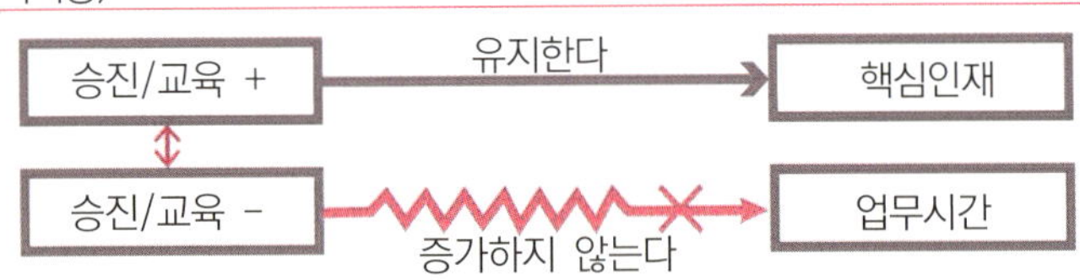 창의적인 해결책은 승진/교육을 제거하는 것이다. 문제의 원천인 승진/교육을 제거하는 것이다. 승진/교육이 없으면서 인재를 유지하고, 업무시간을 증가하지 않는 방법을 찾는 것이다. 강력한 아이디어는 승진/교육이 있어야 하기도 하고, 없어야 하기도 한 것이다. 좀 더 현실적으로 승진/교육은 시간, 공간, 조건에 따라 있어야 하기도 하고 없어야 하기도 하다. 〈여러분이 생각하는 아이디어를 작성해 보세요〉 1) 시간분리 2) 공간분리 3) 조건분리 4) 부분분리		
〈실천 의지 Will〉 · 실행계획에 대한 실천 의지 확인 · 실행시 예상되는 장애 요인 · 지원받아야 될 사항 확인	〈여러분이 생각하는 실행계획을 작성해 보세요〉 1) 플랜A : 승진/교육은 있어야 하기도 하고, 없어야 하는 방법은? 2) 플랜B : 업무시간을 증가하지 않으면서 인재를 유지하는 방법은? 3) 플랜Z : 인사를 할 수 없는 상황에서의 대안은?		

<사례6> 손익계산서는 있어야 하기도 하고, 없어야 하기도 하다

<table>
<tr><th colspan="4">Coaching Log</th></tr>
<tr><td>코칭시간</td><td></td><td>코칭장소</td><td></td></tr>
<tr><td>코치성명</td><td></td><td>고객성명</td><td></td></tr>
<tr><td>코칭 프로세스</td><td colspan="3">코칭활동</td></tr>
<tr><td rowspan="2">〈코칭목표 Goal〉
· 편안한 분위기 조성
· 코칭과제의 확인
· 코칭과제가 해결된 바람직한 모습</td><td colspan="3">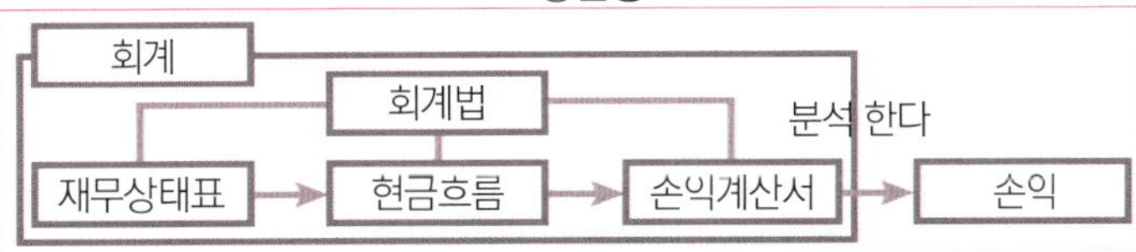
</td></tr>
<tr><td colspan="3">회계는 재무상태표에서 자원을 받아 현금흐름을 통해 손익계산서에 에너지를 전달하는 활동이며, 회계법으로 자원을 조정한다. 회계활동으로 손익을 분석하는 일은 매우 중요하다. 재무상태표, 현금흐름, 손익계산서, 회계법을 활용하여 회계의 이상적인 모습을 생각한다.</td></tr>
<tr><td rowspan="2">〈현상확인 Reality〉
· 과제 발생 영역, 범위의 명료화
· 바람직한 상태와 현재 상태의 차이 인식
· 자신에게 미치는 영향 확인</td><td colspan="3">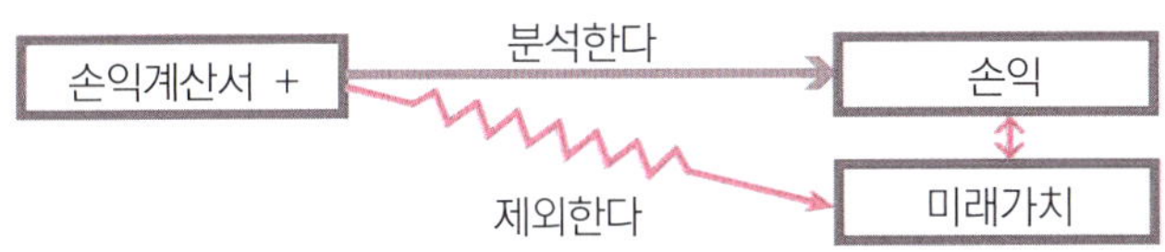
</td></tr>
<tr><td colspan="3">손익계산서가 손익을 분석해야 하는데, 미래가치를 제외하는 문제가 발생한다.
〈순기능〉
〈역기능〉</td></tr>
<tr><td rowspan="2">〈대안설정 Options〉
· 실천 가능한 대안의 열거
· 실행 프로세스, 방법에 대한 점검
· 최적안의 선택</td><td colspan="3">
</td></tr>
<tr><td colspan="3">창의적인 해결책은 손익계산서를 제거하는 것이다. 문제의 원천인 손익계산서를 제거하는 것이다. 손익계산서가 없으면서 손익을 분석하고, 미래가치를 제외하지 않는 방법을 찾는 것이다.
강력한 아이디어는 손익계산서가 있어야 하기도 하고, 없어야 하기도 한 것이다. 좀 더 현실적으로 손익계산서는 시간, 공간, 조건에 따라 있어야 하기도 하고 없어야 하기도 하다.

〈여러분이 생각하는 아이디어를 작성해 보세요〉
1) 시간분리
2) 공간분리
3) 조건분리
4) 부분분리</td></tr>
<tr><td>〈실천 의지 Will〉
· 실행계획에 대한 실천 의지 확인
· 실행시 예상되는 장애 요인</td><td colspan="3">〈여러분이 생각하는 실행계획을 작성해 보세요〉
1) 플랜A : 손익계산서는 있어야 하기도 하고, 없어야 하는 방법은?
2) 플랜B : 미래가치를 제외하지 않으면서 손익을 분석하는 방법은?
3) 플랜Z : 회계를 할 수 없는 상황에서의 대안은?</td></tr>
</table>

<사례7> 조달은 있어야 하기도 하고, 없어야 하기도 하다

<table>
<tr><th colspan="4">Coaching Log</th></tr>
<tr><td>코칭시간</td><td></td><td>코칭장소</td><td></td></tr>
<tr><td>코치성명</td><td></td><td>고객성명</td><td></td></tr>
<tr><td>코칭 프로세스</td><td colspan="3">코칭활동</td></tr>
<tr><td rowspan="2">〈코칭목표 Goal〉
· 편안한 분위기 조성
· 코칭과제의 확인
· 코칭과제가 해결된 바람직한 모습</td><td colspan="3">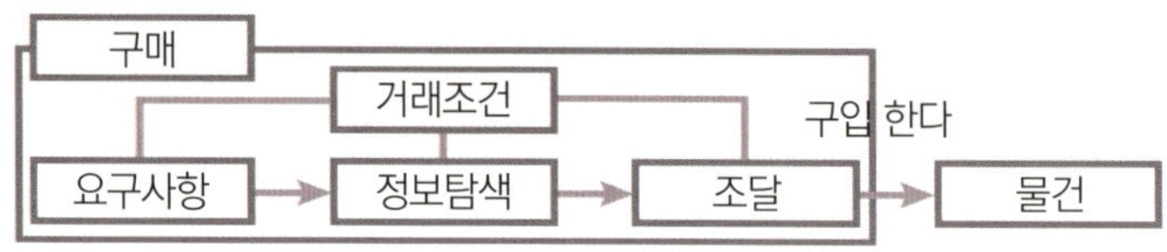
</td></tr>
<tr><td colspan="3">구매는 요구사항에서 정보탐색을 통해 조달을 이루는 활동이며, 거래조건으로 활동을 조정한다. 구매활동으로 물건을 구입하는 일은 매우 중요하다. 요구사항, 정보탐색, 조달, 거래조건을 활용하여 구매의 이상적인 모습을 생각한다.</td></tr>
<tr><td rowspan="2">〈현상확인 Reality〉
· 과제 발생 영역, 범위의 명료화
· 바람직한 상태와 현재 상태의 차이 인식
· 자신에게 미치는 영향 확인</td><td colspan="3">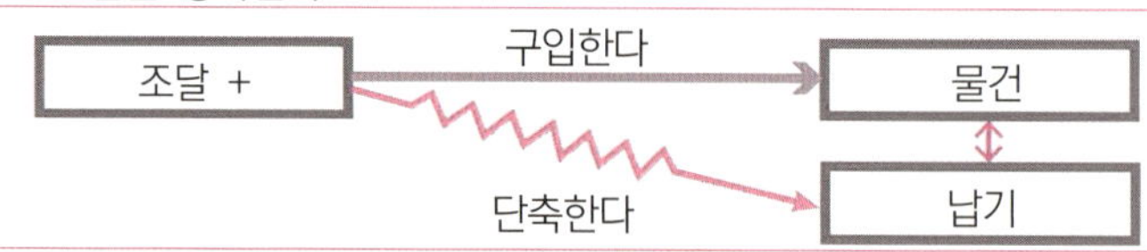
</td></tr>
<tr><td colspan="3">조달로 물건을 구입해야 하는데, 납기를 단축하는 문제가 발생한다.
〈순기능〉
〈역기능〉</td></tr>
<tr><td rowspan="2">〈대안설정 Options〉
· 실천 가능한 대안의 열거
· 실행 프로세스, 방법에 대한 점검
· 최적안의 선택</td><td colspan="3">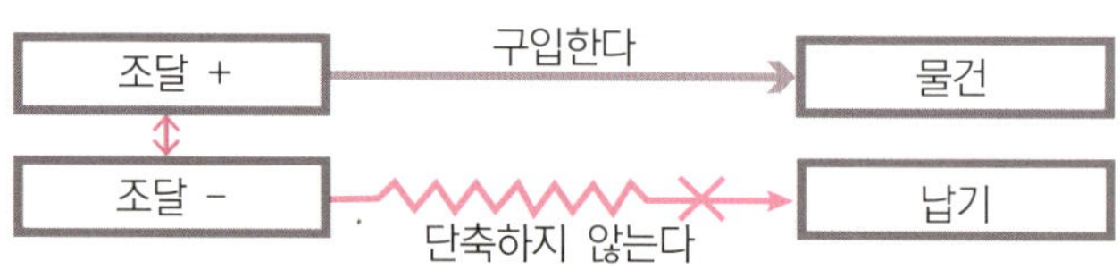
</td></tr>
<tr><td colspan="3">창의적인 해결책은 조달을 제거하는 것이다. 문제의 원천인 조달을 제거하는 것이다. 조달이 없으면서 물건을 구입하고, 납기를 단축하지 않는 방법을 찾는 것이다.
강력한 아이디어는 조달은 있어야 하기도 하고, 없어야 하기도 한 것이다. 좀 더 현실적으로 조달은 시간, 공간, 조건에 따라 있어야 하기도 하고 없어야 하기도 하다.

〈여러분이 생각하는 아이디어를 작성해 보세요〉
1) 시간분리
2) 공간분리
3) 조건분리
4) 부분분리</td></tr>
<tr><td>〈실천 의지 Will〉
· 실행계획에 대한 실천 의지 확인
· 실행시 예상되는 장애요인
· 지원받아야 될 사항 확인</td><td colspan="3">〈여러분이 생각하는 실행계획을 작성해 보세요〉
1) 플랜A : 조달은 있어야 하기도 하고, 없어야 하는 방법은?
2) 플랜B : 납기를 단축하지 않으면서 물건을 구입하는 방법은?
3) 플랜Z : 구매를 할 수 없는 상황에서의 대안은?</td></tr>
</table>

<사례8> 품질인증은 있어야 하기도 하고, 없어야 하기도 하다

<table>
<tr><th colspan="4">Coaching Log</th></tr>
<tr><td>코칭시간</td><td></td><td>코칭장소</td><td></td></tr>
<tr><td>코치성명</td><td></td><td>고객성명</td><td></td></tr>
<tr><td>코칭 프로세스</td><td colspan="3">코칭활동</td></tr>
<tr><td rowspan="2">〈코칭목표 Goal〉
· 편안한 분위기 조성
· 코칭과제의 확인
· 코칭과제가 해결된 바람직한 모습</td><td colspan="3">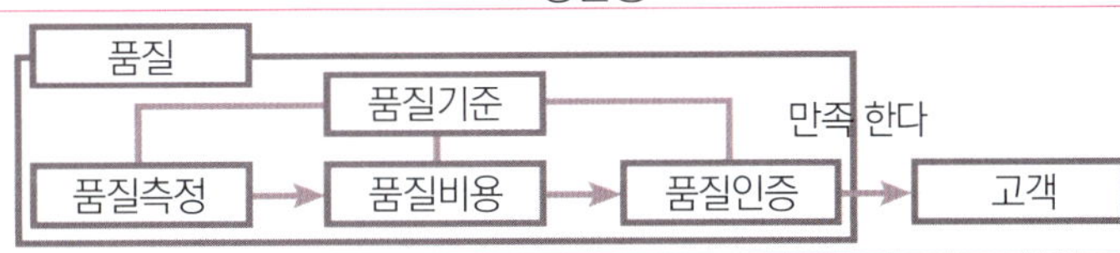
</td></tr>
<tr><td colspan="3">품질은 품질측정에서 품질비용을 통해 품질인증을 받는 활동이며, 품질기준으로 활동을 조정한다. 품질활동으로 고객을 만족하는 일은 매우 중요하다. 품질측정, 품질비용, 품질인증, 품질기준의 이상적인 모습을 생각한다.</td></tr>
<tr><td rowspan="2">〈현상확인 Reality〉
· 과제 발생 영역, 범위의 명료화
· 바람직한 상태와 현재 상태의 차이 인식
· 자신에게 미치는 영향 확인</td><td colspan="3">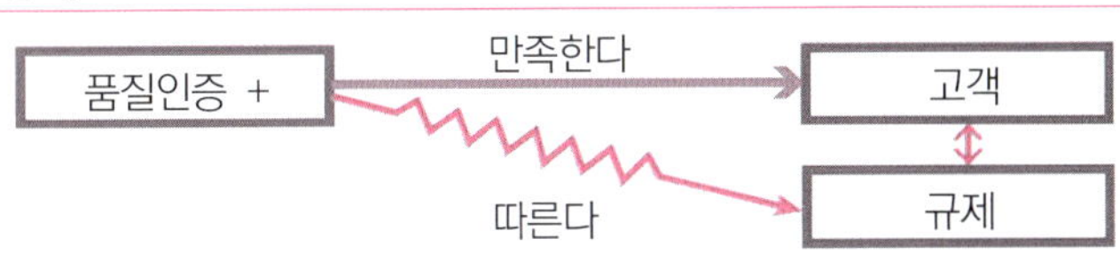
</td></tr>
<tr><td colspan="3">품질인증으로 고객을 만족해야 하는데, 규제를 따라야 하는 문제가 발생한다.
〈순기능〉
〈역기능〉</td></tr>
<tr><td rowspan="2">〈대안설정 Options〉
· 실천 가능한 대안의 열거
· 실행 프로세스, 방법에 대한 점검
· 최적안의 선택</td><td colspan="3">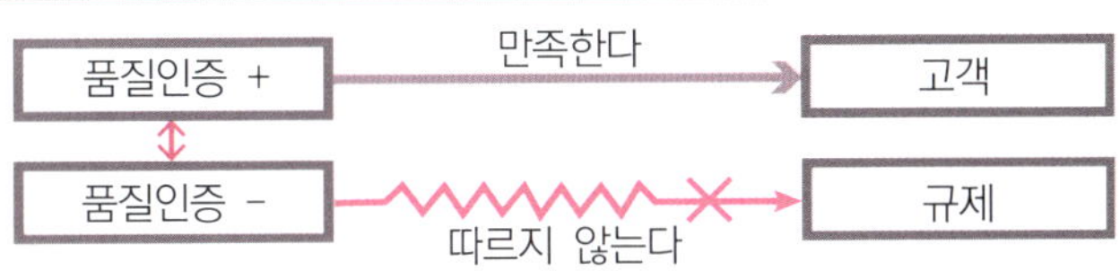
</td></tr>
<tr><td colspan="3">창의적인 해결책은 품질인증을 제거하는 것이다. 문제의 원천인 품질인증을 제거하는 것이다. 품질인증이 없으면서 고객을 만족하고, 규제를 따르지 않는 방법을 찾는 것이다.
강력한 아이디어는 품질인증이 있어야 하기도 하고, 없어야 하기도 한 것이다. 좀 더 현실적으로 품질인증은 시간, 공간, 조건에 따라 있어야 하기도 하고 없어야 하기도 하다.

〈여러분이 생각하는 아이디어를 작성해 보세요〉
1) 시간분리
2) 공간분리
3) 조건분리
4) 부분분리</td></tr>
<tr><td>〈실천 의지 Will〉
· 실행계획에 대한 실천 의지 확인
· 실행시 예상되는 장애 요인
· 지원받아야 될 사항 확인</td><td colspan="3">〈여러분이 생각하는 실행계획을 작성해 보세요〉
1) 플랜A : 품질인증은 있어야 하기도 하고, 없어야 하는 방법은?
2) 플랜B : 규제를 따르지 않으면서 고객을 만족하는 방법은?
3) 플랜Z : 품질을 할 수 없는 상황에서의 대안은?</td></tr>
</table>

<사례9> 전략과제는 있어야 하기도 하고, 없어야 하기도 하다

<table>
<tr><th colspan="4">Coaching Log</th></tr>
<tr><td>코칭시간</td><td></td><td>코칭장소</td><td></td></tr>
<tr><td>코치성명</td><td></td><td>고객성명</td><td></td></tr>
<tr><td>코칭 프로세스</td><td colspan="3">코칭활동</td></tr>
<tr><td rowspan="2">〈코칭목표 Goal〉
· 편안한 분위기 조성
· 코칭과제의 확인
· 코칭과제가 해결된 바람직한 모습</td><td colspan="3">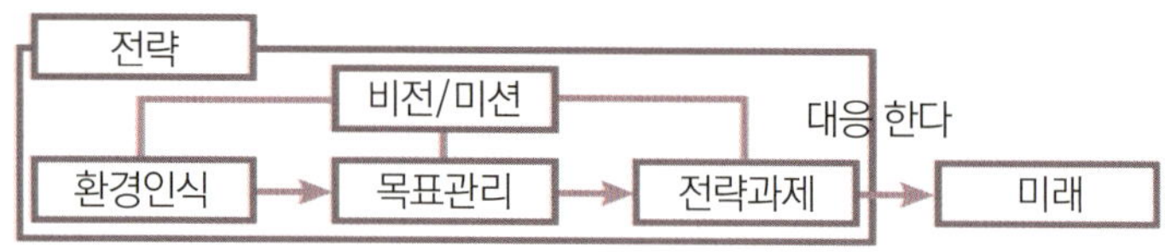
</td></tr>
<tr><td colspan="3">전략은 환경인식에서 시작하여 목표관리를 통해 전략과제를 찾는 활동이며, 비전/미션으로 방향을 조정한다. 전략활동으로 미래를 대응하는 일은 매우 중요하다. 환경인식, 목표관리, 전략과제, 비전/미션을 활용하여 전략의 이상적인 모습을 생각한다.</td></tr>
<tr><td rowspan="2">〈현상확인 Reality〉
· 과제 발생 영역, 범위의 명료화
· 바람직한 상태와 현재 상태의 차이 인식
· 자신에게 미치는 영향 확인</td><td colspan="3">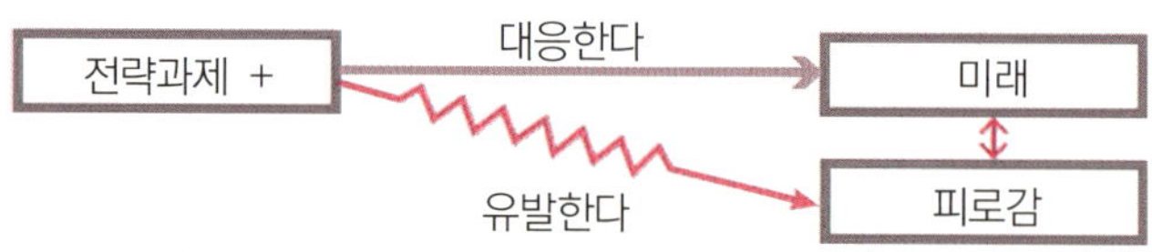
</td></tr>
<tr><td colspan="3">전략과제로 미래를 대응해야 하는데, 피로감을 유발하는 문제가 발생한다.
〈순기능〉
〈역기능〉</td></tr>
<tr><td rowspan="2">〈대안설정 Options〉
· 실천 가능한 대안의 열거
· 실행 프로세스, 방법에 대한 점검
· 최적안의 선택</td><td colspan="3">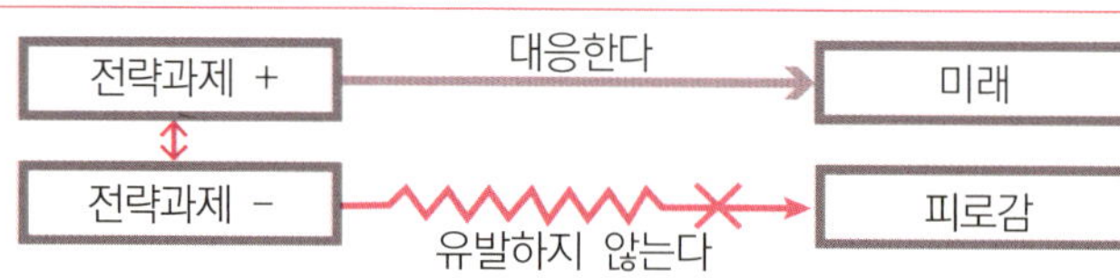
</td></tr>
<tr><td colspan="3">창의적인 해결책은 전략과제를 제거하는 것이다. 문제의 원천인 전략과제를 제거하는 것이다. 전략과제가 없으면서 미래를 대응하고, 피로감을 유발하지 않는 방법을 찾는 것이다.
강력한 아이디어는 전략과제가 있어야 하기도 하고, 없어야 하기도 한 것이다. 좀 더 현실적으로 전략과제는 시간, 공간, 조건에 따라 있어야 하기도 하고 없어야 하기도 하다.

〈여러분이 생각하는 아이디어를 작성해 보세요〉
1) 시간분리
2) 공간분리
3) 조건분리
4) 부분분리</td></tr>
<tr><td>〈실천 의지 Will〉
· 실행계획에 대한 실천 의지 확인
· 실행시 예상되는 장애 요인
· 지원받아야 될 사항 확인</td><td colspan="3">〈여러분이 생각하는 실행계획을 작성해 보세요〉
1) 플랜A : 전략과제는 있어야 하기도 하고, 없어야 하는 방법은?
2) 플랜B : 피로감을 유발하지 않으면서 미래를 대응하는 방법은?
3) 플랜Z : 전략을 할 수 없는 상황에서의 대안은?</td></tr>
</table>

<사례10> 은행은 있어야 하기도 하고, 없어야 하기도 하다

<table>
<tr><th colspan="4">Coaching Log</th></tr>
<tr><td>코칭시간</td><td></td><td>코칭장소</td><td></td></tr>
<tr><td>코치성명</td><td></td><td>고객성명</td><td></td></tr>
<tr><td>코칭 프로세스</td><td colspan="3">코칭활동</td></tr>
<tr><td rowspan="2">〈코칭목표 Goal〉
· 편안한 분위기 조성
· 코칭과제의 확인
· 코칭과제가 해결된 바람직한 모습</td><td colspan="3">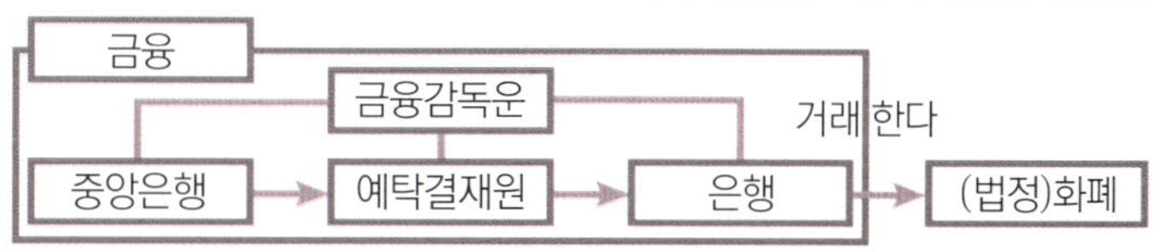
</td></tr>
<tr><td colspan="3">금융시스템은 중앙은행에서 국정화폐를 발행하여 예탁결재원을 거쳐서 은행으로 전달하는 과정이며, 금융감독원에서 조정한다. 은행을 통해 화폐를 거래하는 일은 매우 중요하다. 중앙은행, 예탁결재원, 은행, 금융감독원을 활용하여 금융시스템의 이상적인 모습을 생각한다.</td></tr>
<tr><td rowspan="2">〈현상확인 Reality〉
· 과제 발생 영역, 범위의 명료화
· 바람직한 상태와 현재 상태의 차이 인식
· 자신에게 미치는 영향 확인</td><td colspan="3">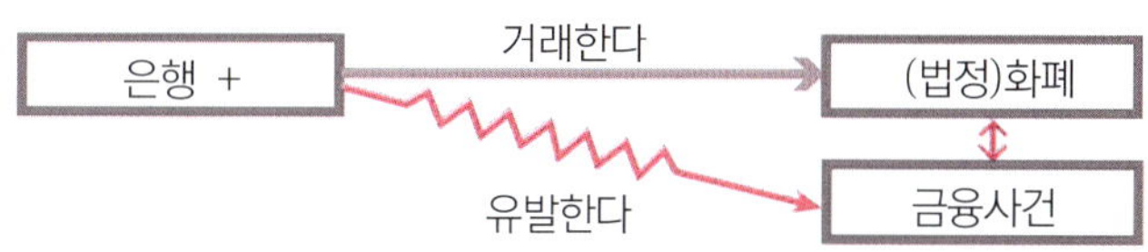
</td></tr>
<tr><td colspan="3">은행이 화폐를 거래해야 하는데, 금융사건을 유발하는 문제가 발생한다.
〈순기능〉
〈역기능〉</td></tr>
<tr><td rowspan="2">〈대안설정 Options〉
· 실천 가능한 대안의 열거
· 실행 프로세스, 방법에 대한 점검
· 최적안의 선택</td><td colspan="3">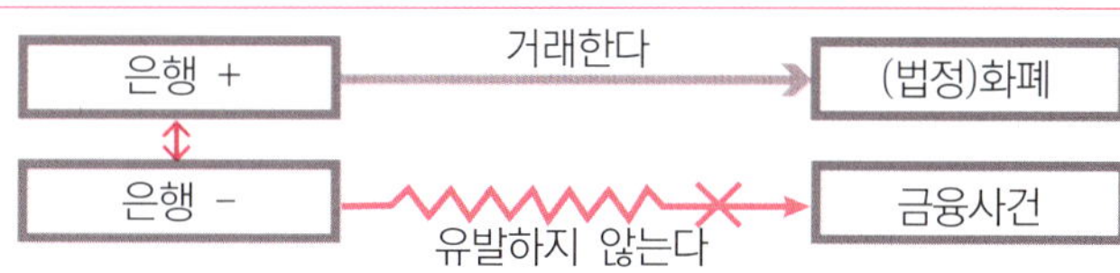
</td></tr>
<tr><td colspan="3">창의적인 해결책은 은행을 제거하는 것이다. 문제의 원천인 은행을 제거하는 것이다. 은행이 없으면서 화폐를 거래하고, 금융사건을 유발하지 않는 방법을 찾는 것이다. 강력한 아이디어는 은행이 있어야 하기도 하고, 없어야 하기도 한 것이다. 좀 더 현실적으로 은행은 시간, 공간, 조건에 따라 있어야 하기도 하고 없어야 하기도 하다.

〈여러분이 생각하는 아이디어를 작성해 보세요〉
1) 시간분리
2) 공간분리
3) 조건분리
4) 부분분리</td></tr>
<tr><td>〈실천 의지 Will〉
· 실행계획에 대한 실천 의지 확인
· 실행시 예상되는 장애 요인
· 지원받아야 될 사항 확인</td><td colspan="3">〈여러분이 생각하는 실행계획을 작성해 보세요〉
1) 플랜A : 은행은 있어야 하기도 하고, 없어야 하는 방법은?
2) 플랜B : 금융사건을 유발하지 않으면서 (법정)화폐를 거래하는 방법은?
3) 플랜Z : 금융을 할 수 없는 상황에서의 대안은?</td></tr>
</table>

인생심리 분야 트리즈코칭

1. 인생심리에서 원하는 것

당신이 인생에서 가장 원하는 것은 무엇인가?

세상에서 가장 원하는 것을 포기하라!

그것이 당신을 파멸시키기 때문이다.

인생심리 활동으로 우리가 원하는 것이 무엇이고, 그리고 심리는 어떻게 작동하는 것인지를 규명한 것이 인생심리 시스템분석이다. 알트슐러에 의하면 모든 시스템은 작동을 위한 법칙이 있다고 한다. 시스템이 작동하기 위해서는 4가지의 구성요소가 필요하다. 인생심리에서는 인간의 신체와 성격을 기준으로 4가지 구성요소를 분류한다. 4가지 구성요소는 소화계, 혈액계, 골격계, 신경계이다. 아래 그림은 4가지의 구성요소가 어떻게 작동되는지를 나타낸 것이다. 인생 시스템이 작동하기 위해서는 음식이 지속적으로 들어 와야 한다. 그리고 인생 시스템은 행복을 추구하는 작용을 하게 된다. 인생심리 시스템의 작동원리를 활용한 사례들은 인생심리 분야의 사례를 통해 설명하려고 한다.

<인생시스템 작동원리>

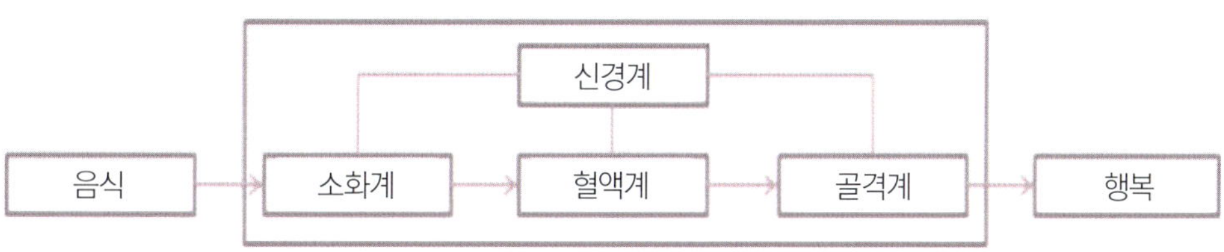

우리는 인생에서 원하는 것들을 고대 철학에서부터 현대 심리학까지 다양한 학문 분야에서 이론과 경험을 통해서 카테고리를 정해서 분류할 수 있다. 필자는 철학과 심리학을 공부하면서 현장에서의 코칭 경험을 살려서 다음의 18가지 항목으로 분류하였다. 최근 워라밸(Work Life Balance)에 대해 관심도가 증가하고 있는 시점에서 필자는 워라밸을 한층 더 심층적으로 확대해서 생각하여 워라밸(Work Life Valuation)로 명명하였다. 워크(Work)와 라이프(Life) 영역에서 사람들은 개별적인 차원에서 인생의 목표를 설정할 수가 있을 것

이다. 그런데 워크와 라이프의 가치충돌이 있을 때는 목표를 달성하기 어렵다. 필자는 이를 해결하기 위해서 어떻게 해야 할 것인지를 염두에 두고 다양한 활동을 하고 있다. 필자도 명상에서부터 고전 읽기까지 많은 노력을 하면서 스스로 성장할 수 있었다고 생각한다. 필자가 어려운 과정을 거치면서 힘들게 노력하였으나 무엇보다도 결과를 중심으로 생각했을 때에 좀 더 쉬운 방법을 찾을 수 있었다. 먼저 많은 사람들이 인생에서 원하는 것이 무엇인지를 찾아 필자는 18가지 항목으로 정리해 보았다.

첫째, 워크 영역에서는 시간 관리, 경력개발, 갈등 해소, 팀워크, 리더십, 직업성취, 조직관리, 성과관리, 의사소통 등 9가지 영역이다.

둘째, 라이프 영역에서는 건강, 자기 개발, 신념 가치, 대인관계, 영적 성장, 금전, 가족관계, 생활환경, 여가활동 등 9가지 영역이다.

이들을 모아서 인생의 특성을 18가지로 제시한다. 그리고 18가지 인생 특성을 적용하기 위해서는 인생 시스템의 4가지 필수 구성요소를 기반으로 메커니즘을 분석한 후에 인생 특성을 적용하는 것이 바람직할 것이다.

다음은 필자가 제시한 18가지 인생 특성(parameter)에 대해 간략히 소개한다. 인생 시스템은 워라밸을 생각하면 이해하기 쉬울 것이다.

1. 시간 관리 : 자신의 시간을 정기적으로 점검하면서 가치를 만들어 내는 정도
2. 경력개발 : 자신의 의지에 따라 성장경로를 선택하고 그것을 개발하는 정도
3. 갈등 해소 : 갈등 관계에 있는 주체들 간의 갈등의 정도
4. 팀워크 : 팀의 목표달성을 위하여 서로 협동하는 협력의 정도
5. 리더십 : 공동의 목표를 달성하기 위하여 다른 사람들에게 영향을 미치는 정도
6. 직업성취 : 직업 분야에서 목적하는 바를 이루려는 정도
7. 조직관리 : 다양한 사람들이 모여서 집단을 형성하는 정도
8. 성과관리 : 계획한 목표의 결과를 달성한 정도

9. 의사소통 : 사람들끼리 서로의 생각, 느낌 등의 정보를 주고받는 정도
10. 건강 : 정신적으로나 육체적으로 아무 탈이 없고 튼튼한 상태의 정도
11. 자기 개발 : 개인의 인격과 태도 측면에서 점점 더 좋아지는 정도
12. 신념 가치 : 자신의 욕구나 관심의 대상이 되는 도덕적 원칙의 정도
13. 대인관계 : 사람들 간 관계의 정도
14. 영적 성장 : 인간의 본성을 찾아가는 수행의 정도
15. 자산 : 경제적 가치가 있는 유형, 무형의 재산의 정도
16. 가족관계 : 혈연이나 결혼 등으로 같이 생활하는 가족 간 관계의 정도
17. 생활환경 : 생활을 둘러싸는 자연적인 조건이나 사회적 상황의 정도
18. 여가활동 : 직업상의 일이나 필수적인 가사 활동 외에 여유 활동의 정도

2. 인생심리에서 원하는 것을 해결하는 40가지 방법

인생심리 시스템이 원하는 것은 기본적으로 18가지의 경우로 나타내었다. 일반적인 경우에는 원하는 것을 계획한 대로 실행하면 된다. 그러나 세상의 일이란 것이 원하는 것을 얻기 어려운 경우가 많이 발생한다. 특히 새로운 일이나 기존의 답이 존재하지 않는 경우에는 더욱 그렇다. 이때에는 창의적인 아이디어가 필요하다. 알트슐러는 기술혁신의 문제를 해결하는 데 있어서 창의적인 아이디어를 40가지로 정리해 놓았다. 알트슐러의 40가지 원리를 인생심리 분야에 적용하여 필자가 정리해 보았다. 다음은 인생심리에 적합한 40가지 원리(principles)에 대해 간략히 소개한다.

1. 나누어라(Segment)
2. 필요한 것을 추출해라(Take Out)
3. 특정 부분을 차별화하라(Local Quality)
4. 균형을 깨라(Asymmetry)
5. 멀티플레이어가 되라(Merge)
6. 여러 가지 활동을 동시에 해라(Universal)
7. 추가하여 쌓아라(Nested Doll)
8. 수평적으로 생각하라(Counterweight)
9. 복원력을 키워라(Prior Counteraction)
10. 실행 전에 계획을 세워라(Prior Action)
11. 간접적으로 체험하라(Cushion)
12. 눈높이를 맞추어라(Remove Tension)

13. 거꾸로 하라(Other Way Round)

14. 유연하게 대처하라(Curve)

15. 활발하게 활동하라(Dynamize)

16. 적게 하거나 많이 하거나(Slightly Less, Slightly More)

17. 한 차원 높거나 낮거나(Another Dimension)

18. 적당한 자극이 필요하다(Vibrate)

19. 주기적으로 자극을 주어라(Periodic Action)

20. 좋은 일은 지속적으로 해라(Continuity of Useful Action)

21. 나쁜 일은 빨리 끝내라(Hurry)

22. 나쁜 것을 좋은 것으로 바꾸어라(Blessing in Disguise)

23. 피드백을 받아라(Feedback)

24. 매개체를 활용하라(Intermediary)

25. 스스로 하게 하라(Self Service)

26. 멘토를 찾아라(Copy)

27. 일회성을 추구해라(Cheap Disposable)

28. 스마트기기를 활용하라(Mechanics Substitution)

29. 운영구조를 검토하라(Fluid)

30. 영역을 구분하라(Thin and Flexible)

31. 마음의 여유를 가져라(Hole)

32. 색깔을 바꿔라(Color Change)

33. 공통점을 찾아라(Homogeneous)

34. 버리거나 재활용하라(Discard and Recover)

35. 내적 가치를 변화시켜라(Parameter Change)

36. 외형을 바꾸어라(Phase Transition)

37. 영역을 넓혀라(Thermal Expansion)

38. 외부환경에 대응하라(Enrich)

39. 마음의 안정을 찾아라(Calm)

40. 다양성을 융합하라(Composite)

인생에서 원하는 것을 얻는 40가지 방법으로 아이디어를 찾는 활동을 해 보니 40가지는 너무 많다는 생각이 들기도 했다. 실제로 많은 사람들이 40가지 원리를 활용하여 해결 아이디어를 찾는 노력을 했으나 이를 잘 활용하는 사람은 그렇게 많지 않은 것이 현실이다.

그래서 필자도 다양한 방법으로 40가지 원리를 잘 사용하는 방법을 연구해 보았다. 맨 처음에는 맨땅에 헤딩하는 방법이다. 40가지 원리를 무조건 암기해 보기로 하였다. 그러나 실제로 암기를 해보니 쉽지가 않았다. 그래서 나의 머리가 한계가 있다고 생각하고 40가지 원리를 암기하는 일을 포기하였다. 트리즈의 기본 이론이 40가지 원리이므로 계속 사용은 했으나 암기를 하지는 못하였다. 어느 날 40가지 원리에 대해 2시간 특강을 했는데, 참석자 중에 한 사람이 바로 암기하는 것이 아닌가. 나로서는 정말 놀라운 경험이었다. 지금까지 포기하고 있었던 인간의 한계에 대해 자극을 주는 사건이었다. 트리즈 전문가들이 그렇게 암기를 하려고 노력을 했으나 쉽지 않았던 일을 순식간에 해치우는 사람을 직접 목격을 하니, 나는 왜 안될까? 라는 생각이 들었다.

그 후에 기업세미나에서 연구원을 대상으로 강의를 하면서 다시 한번 40가지 원리를 암기할 수 있는지 과제를 주었다. 오전에 수업을 진행하고, 오후에 식사하고 나서 40가지 원리를 암기하도록 했는데 2명의 연구원이 실제로 암기를 하였다. 여기서 새로운 경험을 하게 되었다. 2명의 연구원이 40가지를 똑같이 암기했는데, 암기하는 방법이 너무나 크게 차이가 났다. 한 연구원은 1번부터 40번까지 순서대로 암기하였다. 일반인이라면 누구나 당연히 생각하는 방법이다. 그런데 또 한 연구원은 랩을 따라 부르듯이 속으로 중얼거리면서 40 원리를 모두 암기하는 것이 아닌가. 어떤 말을 중얼거리는가 하고 자세히 들어보니 자신의 일상생활을 스토리로 엮어서 암기하고 있었다.

이때부터 다시 한번 뇌에 대한 정보를 분석해 보았다. 첫 번째 암기한 연구원은 좌뇌를 중심으로 암기를 하였고, 두 번째 암기한 연구원은 우뇌를 중심으로 암기를 하였다. 그래서 나는 좌뇌인가? 우뇌인가? 를 진단해 보니 우뇌로 정보를 입력하고 좌뇌로 정보를 처리하고 좌뇌로 정보를 출력한다는 사실을 알았다. 컴퓨터를 생각해보면 정보를 입력하고 처리하고 출력하는 3단계로 진행된다. 우리의 뇌도 마찬가지로 정보를 입력하고 처리하고 출력을 한다. 나의 뇌가 암기를 하는 방법은 좌뇌 방식이므로 1번부터 40번까지 순서대로 암기하는 것이 나의 방식이다. 자신의 방식을 찾는 것이 인생에 있어서 가장 중요한 일이라고 생각한다. 자신의 방식을 찾고 나면 개인적 차이가 존재한다. 누구는 빨리 암기하는데 누구는 암기하는 속도가 느리다는 얘기다. 나의 경우는 암기하는 속도가 평균 수준이라고 생각한다. 암기의 수준은 중학교 성적을 보면 알 수 있다.

그러면 암기의 속도가 느린 사람은 어떻게 해야 하는가? 다시 뇌 연구결과를 학습해 보니 독일의 '밀러'라는 분이 매직 넘버 세븐을 연구하였다. 인간의 뇌는 7±2개의 단위로 암기를 한다는 것이다. 세상에 7개 정도는 일반인이라면 암기가 가능한 내용이다.

40 원리는 4x10으로 분해할 수 있다. 또한, 5x8로 분해할 수도 있다. 매직 넘버 7을 생각하면 5x8이 정답이다. 그래서 40 원리를 5개 단위로 줄여서 암기하기 시작했다. 매일 5개씩 8일이면 40개를 암기하게 된다. 처음에는 5개씩 나누어서 8개 묶음으로 암기를 하고, 나중에는 '7번 포개기'원리를 적용하여 5개-10개-15개-20개-25개-30개-35개-40개로 포개어서 암기해 보았다.

처음에 1번부터 40번까지 순서대로 암기하는데 2주 정도 걸렸다. 그러나 40가지를 암기하였지만 시간이 지나가니까 잊어버리는 현상이 발생하였다. '에빙하우스'의 망각곡선에 의하면 인간이 기억한 내용은 1주일이 지나면 80%를 잊어버린다고 한다. 이것을 극복하는 방법은 꾸준히 기억한 것을 반복하는 것이다. 그래서 40가지 원리를 잊어버리지 않도록 1주일마다 반복적으로 기억하기 시작했다. 지하철을 타거나 화장실에서 40가지 원리를 암기하기 시작했다. 1년 정도 이런 생활을 반복하니 이제는 40가지 원리가 잊혀지지 않고 기억으로 저장되어 있는 것 같다.

이렇게 암기를 하고 나니 뇌 속에서 순서가 정리되고 10개씩 4개 묶음으로 처리가 되기 시작했다. 1~10번, 11~20번, 21~30번, 31~40번으로 4개의 묶음으로 암기가 되었다. 40가지 원리를 암기하고 나서 다른 사람들에게 40가지 원리를 소개하면서 실제 적용사례를 만들어야 되겠다고 생각했다. 적용사례를 만들다 보니 4가지 분리의 원리와 결합하면 좋겠다고 생각했다. 여기서 4가지 분리의 원리란 시간 분리, 공간 분리, 조건 분리, 부분 분리를 말한다. 그래서 40가지 원리와 4가지 분리원리를 통합하여 하나의 맵으로 만들어서 사용을 하니 효과가 좋았다.

3. 인생심리 모순맵

필자는 4가지 분리의 원리와 40가지 원리를 통하여 트리즈 모순맵을 작성하였다. 여러 분들은 어떤 문제에 대해 기술적 모순과 물리적모순을 분리하여 생각하고, 해결할 때는 기술적 모순과 물리적모순을 통하여 생각하면 된다.

<인생심리 트리즈 모순맵>

다음 장의 인생심리 분야 트리즈코칭 사례에서 그로우 코칭의 단계에 따라 트리즈의 모순으로 해결하는 사례를 10가지 제시하였다.

4. 인생모순분야의 트리즈코칭 사례

인생심리 분야의 트리즈코칭 사례는 필자가 비즈니스/라이프 코칭에서 경험한 결과를 중심으로 사례를 작성하였다. 사례는 인생 시스템의 원리와 코칭의 방법을 통해 GROW의 단계로 작성하였다.

<GROW코칭의 단계>

1단계 - 골(Goal) : 원하는 것이 무엇인가?

2단계 - 리얼리티(Reality) : 현실은 어떠한가?

3단계 - 옵션(Options) : 어떤 대안을 선택할 것인가?

4단계 - 윌(Will) : 적용을 잘 하려면?

<인생심리분야의 사례>

1) 취업 사례

2) 창업 사례

3) 학업 사례

4) 적성 사례

5) 성격 사례

6) 영성 사례

7) 여행 사례

8) 전문역량 사례

9) 조직 생활 사례

10) 가정생활 사례

<사례1> 면접전형은 있어야 하기도 하고, 없어야 하기도 하다

<table>
<tr><th colspan="4">Coaching Log</th></tr>
<tr><td>코칭시간</td><td></td><td>코칭장소</td><td></td></tr>
<tr><td>코치성명</td><td></td><td>고객성명</td><td></td></tr>
<tr><td>코칭 프로세스</td><td colspan="3">코칭활동</td></tr>
<tr><td>〈코칭목표 Goal〉
· 편안한 분위기 조성
· 코칭과제의 확인
· 코칭과제가 해결된 바람직한 모습</td><td colspan="3">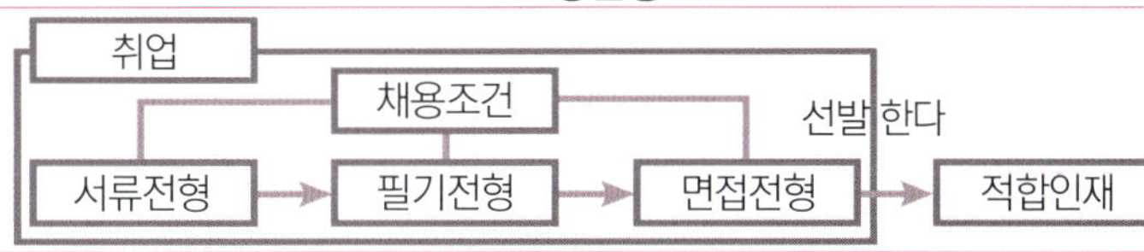

취업은 서류전형을 합격하고 필기전형을 통해 면접전형으로 적합인재를 선발하는 활동이며 채용조건으로 활동을 조정한다. 취업이 적합인재를 선발하는 일은 매우 중요하다. 서류전형, 필기전형, 면접전형, 채용조건을 활용하여 취업의 이상적인 모습을 생각한다.</td></tr>
<tr><td>〈현상확인 Reality〉
· 과제 발생 영역, 범위의 명료화
· 바람직한 상태와 현재 상태의 차이 인식
· 자신에게 미치는 영향 확인</td><td colspan="3">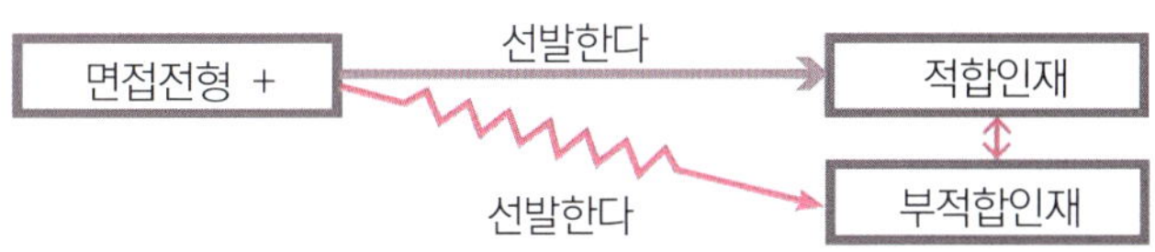

면접전형으로 적합인재를 선발해야 하는데, 부적합인재를 선발하는 문제가 발생한다.
〈순기능〉
〈역기능〉</td></tr>
<tr><td>〈대안설정 Options〉
· 실천 가능한 대안의 열거
· 실행 프로세스, 방법에 대한 점검
· 최적안의 선택</td><td colspan="3">

창의적인 해결책은 면접전형을 제거하는 것이다. 문제의 원천인 면접전형을 제거하는 것이다. 면접전형이 없으면서 적합인재를 선발하고, 부적합인재를 선발하지 않는 방법을 찾는 것이다.
강력한 아이디어는 면접전형이 있어야 하기도 하고, 없어야 하기도 한 것이다. 좀 더 현실적으로 면접전형은 시간, 공간, 조건에 따라 있어야 하기도 하고 없어야 하기도 하다.

〈여러분이 생각하는 아이디어를 작성해 보세요〉
1) 시간분리
2) 공간분리
3) 조건분리
4) 부분분리</td></tr>
<tr><td>〈실천 의지 Will〉
· 실행계획에 대한 실천 의지 확인
· 실행시 예상되는 장애 요인
· 지원받아야 될 사항 확인</td><td colspan="3">〈여러분이 생각하는 실행계획을 작성해 보세요〉
1) 플랜A : 면접전형은 있어야 하기도 하고, 없어야 하는 방법은?
2) 플랜B : 부적합인재를 선발하지 않으면서 적합인재를 선발하는 방법은?
3) 플랜Z : 취업을 할 수 없는 상황에서의 대안은?</td></tr>
</table>

<사례2> 고객은 있어야 하기도 하고, 없어야 하기도 하다

Coaching Log			
코칭시간		코칭장소	
코치성명		고객성명	
코칭 프로세스	코칭활동		
〈코칭목표 Goal〉 · 편안한 분위기 조성 · 코칭과제의 확인 · 코칭과제가 해결된 바람직한 모습	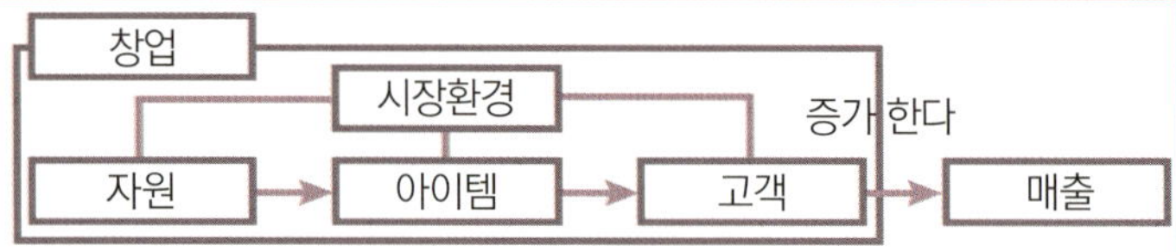 창업은 자원을 확보하여 아이템을 통해 고객을 확보하는 활동이며, 시장환경으로 활동을 조정한다. 창업이 매출을 증가하는 일은 매우 중요하다. 자원, 아이템, 고객, 시장환경을 활용하여 창업의 이상적인 모습을 생각한다.		
〈현상확인 Reality〉 · 과제 발생 영역, 범위의 명료화 · 바람직한 상태와 현재 상태의 차이 인식 · 자신에게 미치는 영향 확인	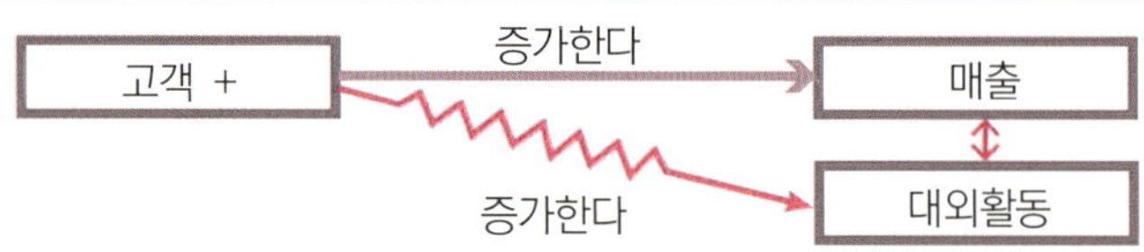 고객이 매출을 증가해야 하는데, 대외활동을 증가하는 문제가 발생한다. 〈순기능〉 〈역기능〉		
〈대안설정 Options〉 · 실천 가능한 대안의 열거 · 실행 프로세스, 방법에 대한 점검 · 최적안의 선택	 창의적인 해결책은 고객을 제거하는 것이다. 문제의 원천인 고객을 제거하는 것이다. 고객이 없으면서 매출을 증가하고, 대외활동을 증가하지 않는 방법을 찾는 것이다. 강력한 아이디어는 고객이 있어야 하기도 하고, 없어야 하기도 한 것이다. 좀 더 현실적으로 고객은 시간, 공간, 조건에 따라 있어야 하기도 하고 없어야 하기도 하다. 〈여러분이 생각하는 아이디어를 작성해 보세요〉 1) 시간분리 2) 공간분리 3) 조건분리 4) 부분분리		
〈실천 의지 Will〉 · 실행계획에 대한 실천 의지 확인 · 실행시 예상되는 장애 요인 · 지원받아야 될 사항 확인	〈여러분이 생각하는 실행계획을 작성해 보세요〉 1) 플랜A : 고객은 있어야 하기도 하고, 없어야 하는 방법은? 2) 플랜B : 대외활동을 증가하지 않으면서 매출을 증가하는 방법은? 3) 플랜Z : 창업을 할 수 없는 상황에서의 대안은?		

<사례3> 학위는 있어야 하기도 하고, 없어야 하기도 하다

<table>
<tr><th colspan="4">Coaching Log</th></tr>
<tr><td>코칭시간</td><td></td><td>코칭장소</td><td></td></tr>
<tr><td>코치성명</td><td></td><td>고객성명</td><td></td></tr>
<tr><td>코칭 프로세스</td><td colspan="3">코칭활동</td></tr>
<tr><td>〈코칭목표 Goal〉
· 편안한 분위기 조성
· 코칭과제의 확인
· 코칭과제가 해결된 바람직한 모습</td><td colspan="3">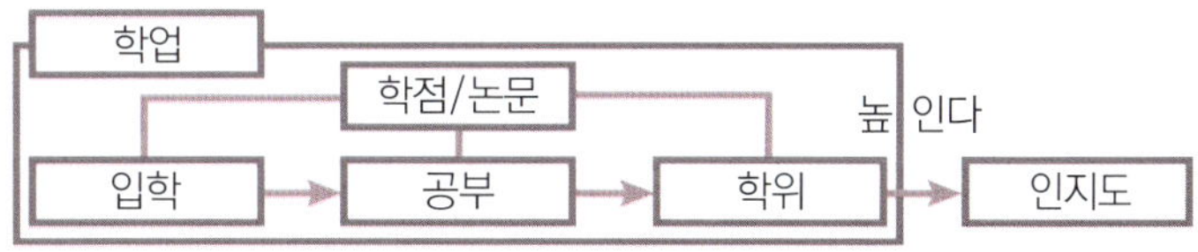

학업은 입학하여 공부를 통해 학위를 획득하는 활동이며, 학점/논문으로 활동을 조정한다. 학업이 인지도를 높이는 활동은 매우 중요하다. 입학, 공부, 학위, 학점/논문을 활용하여 학업의 이상적인 모습을 생각한다.</td></tr>
<tr><td>〈현상확인 Reality〉
· 과제 발생 영역, 범위의 명료화
· 바람직한 상태와 현재 상태의 차이 인식
· 자신에게 미치는 영향 확인</td><td colspan="3">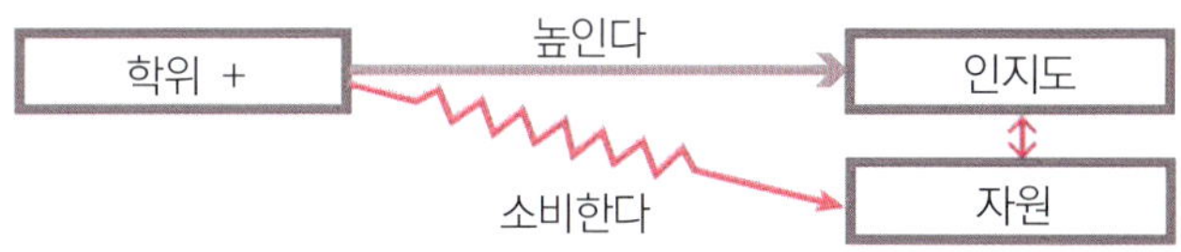

학위가 인지도를 높여야 하는데, 자원을 소비하는 문제가 발생한다.
〈순기능〉
〈역기능〉</td></tr>
<tr><td>〈대안설정 Options〉
· 실천 가능한 대안의 열거
· 실행 프로세스, 방법에 대한 점검
· 최적안의 선택</td><td colspan="3">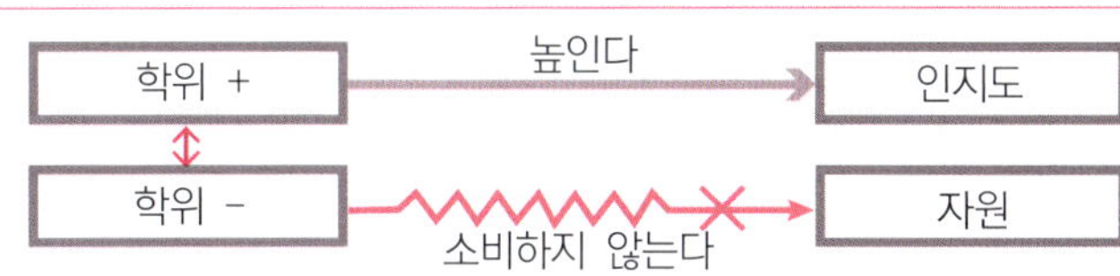

창의적인 해결책은 학위를 제거하는 것이다. 문제의 원천인 학위를 제거하는 것이다. 학위가 없으면서 인지도를 높이고, 자원을 소비하지 않는 방법을 찾는 것이다.
강력한 아이디어는 학위가 있어야 하기도 하고, 없어야 하기도 한 것이다. 좀 더 현실적으로 학위는 시간, 공간, 조건에 따라 있어야 하기도 하고 없어야 하기도 하다.

〈여러분이 생각하는 아이디어를 작성해 보세요〉
1) 시간분리
2) 공간분리
3) 조건분리
4) 부분분리</td></tr>
<tr><td>〈실천 의지 Will〉
· 실행계획에 대한 실천 의지 확인
· 실행시 예상되는 장애 요인
· 지원 받아야 될 사항 확인</td><td colspan="3">〈여러분이 생각하는 실행계획을 작성해 보세요〉
1) 플랜A : 학위는 있어야 하기도 하고, 없어야 하는 방법은?
2) 플랜B : 자원을 소비하지 않으면서 인지도를 높이는 방법은?
3) 플랜Z : 학위를 할 수 없는 상황에서의 대안은?</td></tr>
</table>

<사례4> 흥미는 있어야 하기도 하고, 없어야 하기도 하다

Coaching Log			
코칭시간		코칭장소	
코치성명		고객성명	
코칭 프로세스	코칭활동		
〈코칭목표 Goal〉 · 편안한 분위기 조성 · 코칭과제의 확인 · 코칭과제가 해결된 바람직한 모습	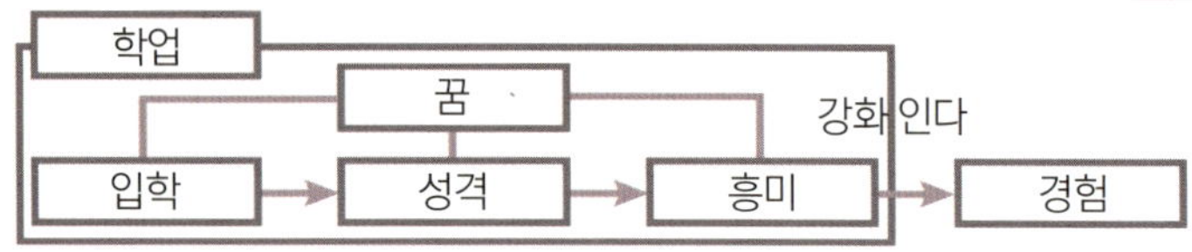 적성은 선천적이거나 후천적인 재능에서 성격을 통하여 흥미로 에너지를 과정이며, 꿈으로 에너지를 조정한다. 적성이 경험을 강화하는 일은 매우 중요하다. 재능, 성격, 흥미, 꿈을 활용하여 적성의 이상적인 모습을 생각한다.		
〈현상확인 Reality〉 · 과제 발생 영역, 범위의 명료화 · 바람직한 상태와 현재 상태의 차이 인식 · 자신에게 미치는 영향 확인	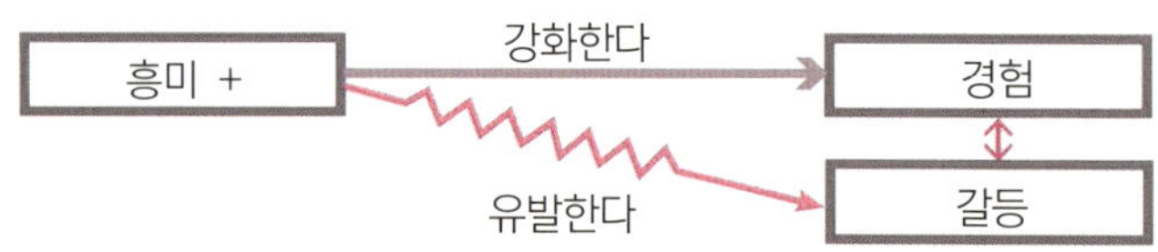 흥미가 경험을 강화해야 하는데, 갈등을 유발하는 문제가 발생한다. 〈순기능〉 〈역기능〉		
〈대안설정 Options〉 · 실천 가능한 대안의 열거 · 실행 프로세스, 방법에 대한 점검 · 최적안의 선택	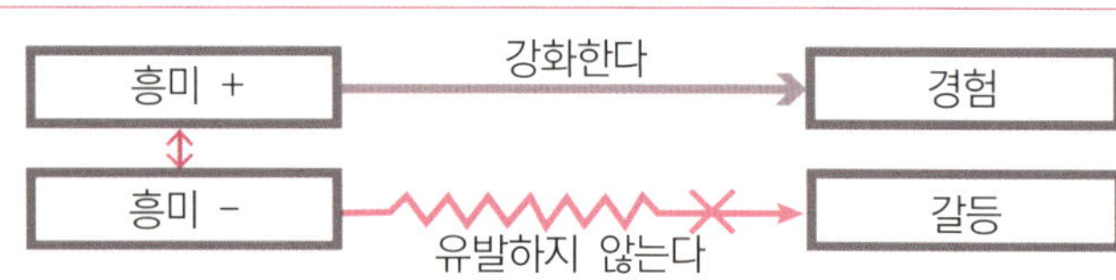 창의적인 해결책은 흥미를 제거하는 것이다. 문제의 원천인 흥미를 제거하는 것이다. 흥미가 없으면서 경험을 강화하고, 갈등을 유발하지 않는 방법을 찾는 것이다. 강력한 아이디어는 흥미가 있어야 하기도 하고, 없어야 하기도 한 것이다. 좀 더 현실적으로 흥미는 시간, 공간, 조건에 따라 있어야 하기도 하고 없어야 하기도 하다. 〈여러분이 생각하는 아이디어를 작성해 보세요〉 1) 시간분리 2) 공간분리 3) 조건분리 4) 부분분리		
〈실천 의지 Will〉 · 실행계획에 대한 실천 의지 확인 · 실행시 예상되는 장애 요인 · 지원받아야 될 사항 확인	〈여러분이 생각하는 실행계획을 작성해 보세요〉 1) 플랜A : 흥미는 있어야 하기도 하고, 없어야 하는 방법은? 2) 플랜B : 갈등을 유발하지 않으면서 경험을 강화하는 방법은? 3) 플랜Z : 적성을 할 수 없는 상황에서의 대안은?		

<사례5> 행동은 있어야 하기도 하고, 없어야 하기도 하다

<table>
<tr><th colspan="4">Coaching Log</th></tr>
<tr><td>코칭시간</td><td></td><td>코칭장소</td><td></td></tr>
<tr><td>코치성명</td><td></td><td>고객성명</td><td></td></tr>
<tr><td>코칭 프로세스</td><td colspan="3">코칭활동</td></tr>
<tr><td>〈코칭목표 Goal〉
· 편안한 분위기 조성
· 코칭과제의 확인
· 코칭과제가 해결된 바람직한 모습</td><td colspan="3">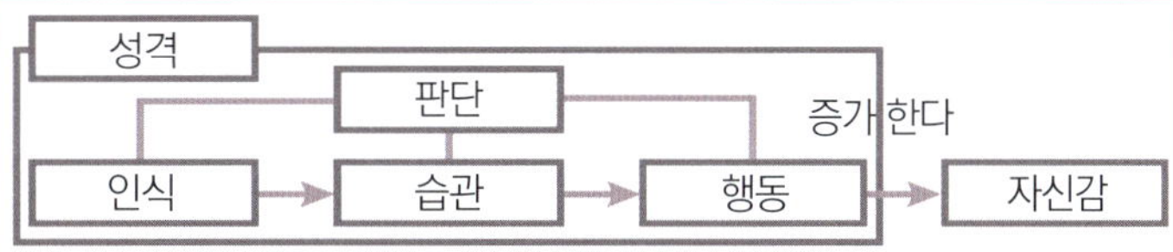

성격은 정보를 인식하는 것으로 시작하여 장기적인 습관을 통해 행동을 표현하는 활동이며, 판단으로 행동을 조정한다. 성격이 자신감을 증가하는 일은 매우 중요하다. 인식, 습관, 행동, 판단을 활용하여 성격의 이상적인 모습을 생각한다.</td></tr>
<tr><td>〈현상확인 Reality〉
· 과제 발생 영역, 범위의 명료화
· 바람직한 상태와 현재 상태의 차이 인식
· 자신에게 미치는 영향 확인</td><td colspan="3">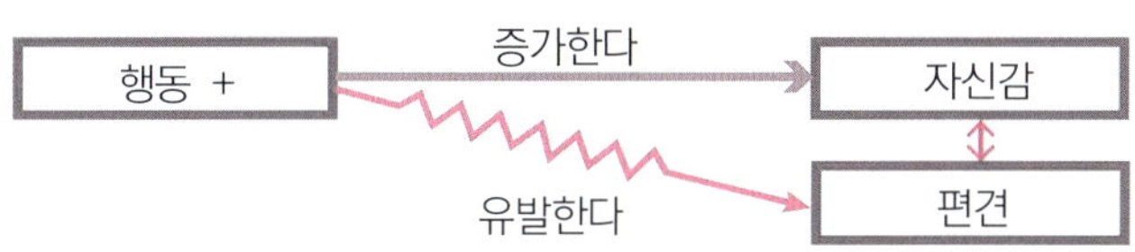

행동이 자신감을 증가해야 하는데, 편견을 유발하는 문제가 발생한다.
〈순기능〉
〈역기능〉</td></tr>
<tr><td>〈대안설정 Options〉
· 실천 가능한 대안의 열거
· 실행 프로세스, 방법에 대한 점검
· 최적안의 선택</td><td colspan="3">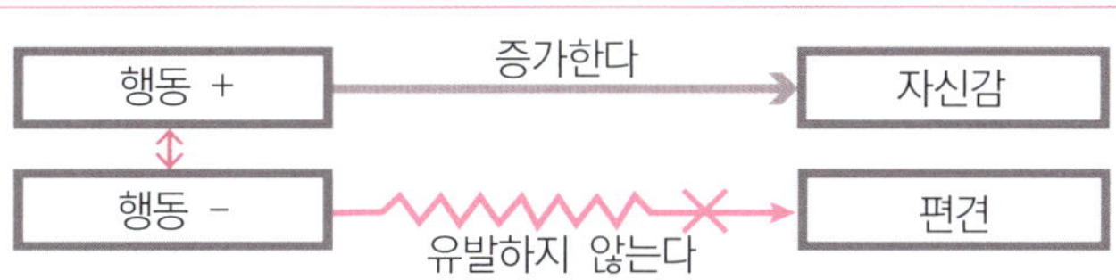

창의적인 해결책은 행동을 제거하는 것이다. 문제의 원천인 행동을 제거하는 것이다. 행동이 없으면서 자신감을 증가하고, 편견을 유발하지 않는 방법을 찾는 것이다.
강력한 아이디어는 행동이 있어야 하기도 하고, 없어야 하기도 한 것이다. 좀 더 현실적으로 행동은 시간, 공간, 조건에 따라 있어야 하기도 하고 없어야 하기도 하다.

〈여러분이 생각하는 아이디어를 작성해 보세요〉
1) 시간분리
2) 공간분리
3) 조건분리
4) 부분분리</td></tr>
<tr><td>〈실천 의지 Will〉
· 실행계획에 대한 실천 의지 확인
· 실행시 예상되는 장애 요인
· 지원받아야 될 사항 확인</td><td colspan="3">〈여러분이 생각하는 실행계획을 작성해 보세요〉
1) 플랜A : 행동은 있어야 하기도 하고, 없어야 하는 방법은?
2) 플랜B : 편견을 유발하지 않으면서 자신감을 증가하는 방법은?
3) 플랜Z : 성격을 할 수 없는 상황에서의 대안은?</td></tr>
</table>

<사례6> 깨달음은 있어야 하기도 하고, 없어야 하기도 하다

<table>
<tr><th colspan="4">Coaching Log</th></tr>
<tr><td>코칭시간</td><td></td><td>코칭장소</td><td></td></tr>
<tr><td>코치성명</td><td></td><td>고객성명</td><td></td></tr>
<tr><td>코칭 프로세스</td><td colspan="3">코칭활동</td></tr>
<tr><td rowspan="2">〈코칭목표 Goal〉
· 편안한 분위기 조성
· 코칭과제의 확인
· 코칭과제가 해결된 바람직한 모습</td><td colspan="3">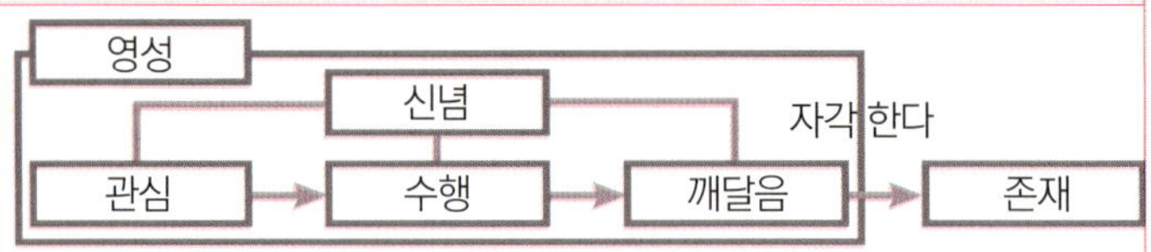</td></tr>
<tr><td colspan="3">영성은 관심을 갖고 수행을 통해 깨달음을 얻는 과정이며, 신념으로 에너지를 조정한다. 영성이 존재를 자각하는 일은 매우 중요하다. 관심, 수행, 깨달음, 신념을 활용하여 영성의 이상적인 모습을 생각한다.</td></tr>
<tr><td rowspan="2">〈현상확인 Reality〉
· 과제 발생 영역, 범위의 명료화
· 바람직한 상태와 현재 상태의 차이 인식
· 자신에게 미치는 영향 확인</td><td colspan="3">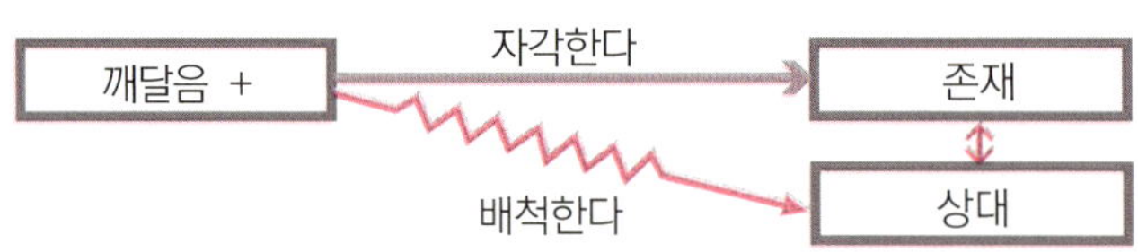</td></tr>
<tr><td colspan="3">깨달음이 존재를 자각해야 하는데, 상대를 배척하는 문제가 발생한다.
〈순기능〉
〈역기능〉</td></tr>
<tr><td rowspan="2">〈대안설정 Options〉
· 실천 가능한 대안의 열거
· 실행 프로세스, 방법에 대한 점검
· 최적안의 선택</td><td colspan="3">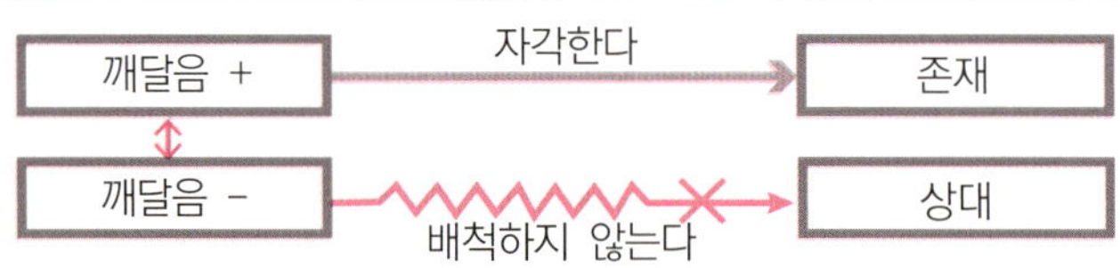</td></tr>
<tr><td colspan="3">창의적인 해결책은 깨달음을 제거하는 것이다. 문제의 원천인 깨달음을 제거하는 것이다. 깨달음이 없으면서 존재를 자각하고, 상대를 배척하지 않는 방법을 찾는 것이다.
강력한 아이디어는 깨달음이 있어야 하기도 하고, 없어야 하기도 한 것이다. 좀 더 현실적으로 깨달음은 시간, 공간, 조건에 따라 있어야 하기도 하고 없어야 하기도 하다.

〈여러분이 생각하는 아이디어를 작성해 보세요〉
1) 시간분리
2) 공간분리
3) 조건분리
4) 부분분리</td></tr>
<tr><td>〈실천 의지 Will〉
· 실행계획에 대한 실천 의지 확인
· 실행시 예상되는 장애 요인
· 지원받아야 될 사항 확인</td><td colspan="3">〈여러분이 생각하는 실행계획을 작성해 보세요〉
1) 플랜A : 깨달음은 있어야 하기도 하고, 없어야 하는 방법은?
2) 플랜B : 상대를 배척하지 않으면서 존재를 자각하는 방법은?
3) 플랜Z : 영성을 할 수 없는 상황에서의 대안은?</td></tr>
</table>

<사례7> 체험은 있어야 하기도 하고, 없어야 하기도 하다

<table>
<tr><th colspan="4">Coaching Log</th></tr>
<tr><td>코칭시간</td><td></td><td>코칭장소</td><td></td></tr>
<tr><td>코치성명</td><td></td><td>고객성명</td><td></td></tr>
<tr><td>코칭 프로세스</td><td colspan="3">코칭활동</td></tr>
<tr><td rowspan="2">〈코칭목표 Goal〉
· 편안한 분위기 조성
· 코칭과제의 확인
· 코칭과제가 해결된 바람직한 모습</td><td colspan="3">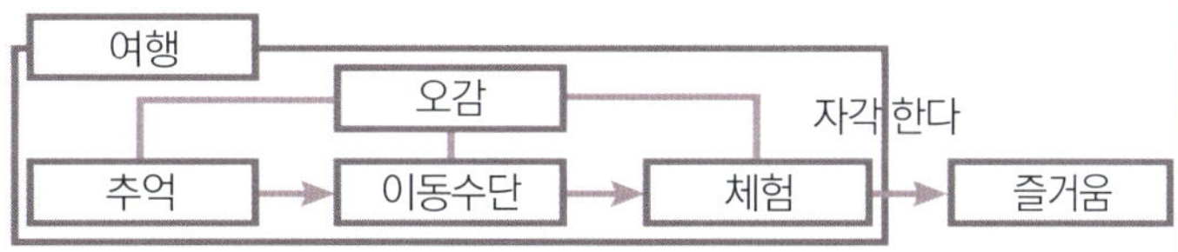
</td></tr>
<tr><td colspan="3">여행은 추억을 찾아 이동수단을 통해 체험을 하는 활동이며, 오감으로 에너지를 조정한다. 여행이 즐거움을 증가하는 일은 매우 중요하다. 추억. 이동수단, 체험, 오감을 활용하여 여행의 이상적인 모습을 생각한다.</td></tr>
<tr><td rowspan="2">〈현상확인 Reality〉
· 과제 발생 영역, 범위의 명료화
· 바람직한 상태와 현재 상태의 차이 인식
· 자신에게 미치는 영향 확인</td><td colspan="3">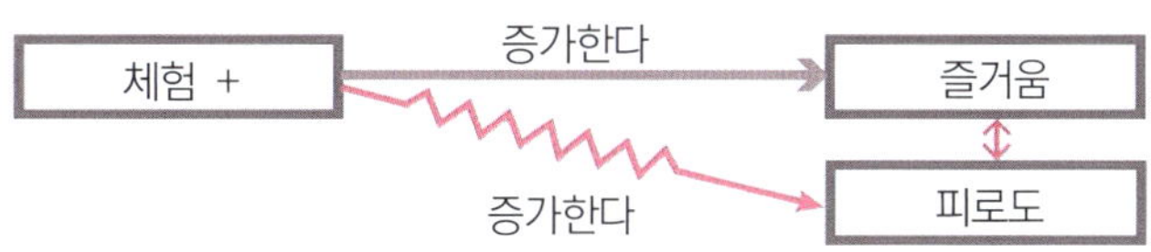
</td></tr>
<tr><td colspan="3">체험이 즐거움을 증가해야 하는데, 피로도를 증가하는 문제가 발생한다.
〈순기능〉
〈역기능〉</td></tr>
<tr><td rowspan="2">〈대안설정 Options〉
· 실천 가능한 대안의 열거
· 실행 프로세스, 방법에 대한 점검
· 최적안의 선택</td><td colspan="3">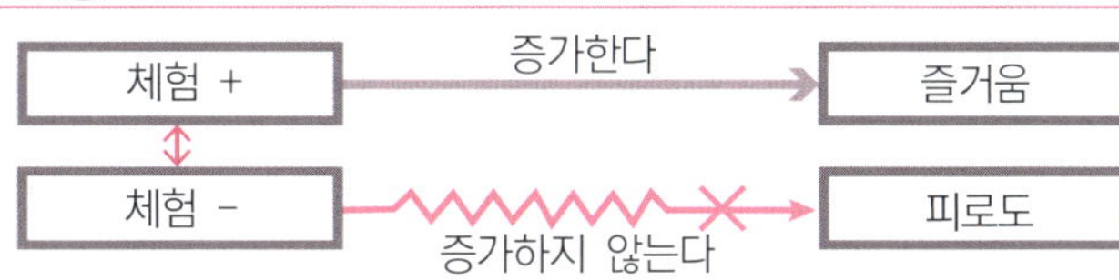
</td></tr>
<tr><td colspan="3">창의적인 해결책은 체험을 제거하는 것이다. 문제의 원천인 체험을 제거하는 것이다. 체험이 없으면서 즐거움을 증가하고, 피로도를 증가하지 않는 방법을 찾는 것이다.
강력한 아이디어는 체험은 있어야 하기도 하고, 없어야 하기도 한 것이다. 좀 더 현실적으로 체험은 시간, 공간, 조건에 따라 있어야 하기도 하고 없어야 하기도 하다.
〈여러분이 생각하는 아이디어를 작성해 보세요〉
1) 시간분리
2) 공간분리
3) 조건분리
4) 부분분리</td></tr>
<tr><td>〈실천 의지 Will〉
· 실행계획에 대한 실천 의지 확인
· 실행시 예상되는 장애 요인
· 지원받아야 될 사항 확인</td><td colspan="3">〈여러분이 생각하는 실행계획을 작성해 보세요〉
1) 플랜A : 체험은 있어야 하기도 하고, 없어야 하는 방법은?
2) 플랜B : 피로도를 증가하지 않으면서 즐거움을 증가하는 방법은?
3) 플랜Z : 여행을 할 수 없는 상황에서의 대안은?</td></tr>
</table>

<사례8> 스킬은 있어야 하기도 하고, 없어야 하기도 하다

<table>
<tr><th colspan="4">Coaching Log</th></tr>
<tr><td>코칭시간</td><td></td><td>코칭장소</td><td></td></tr>
<tr><td>코치성명</td><td></td><td>고객성명</td><td></td></tr>
<tr><td>코칭 프로세스</td><td colspan="3">코칭활동</td></tr>
<tr><td rowspan="2">〈코칭목표 Goal〉
· 편안한 분위기 조성
· 코칭과제의 확인
· 코칭과제가 해결된 바람직한 모습</td><td colspan="3">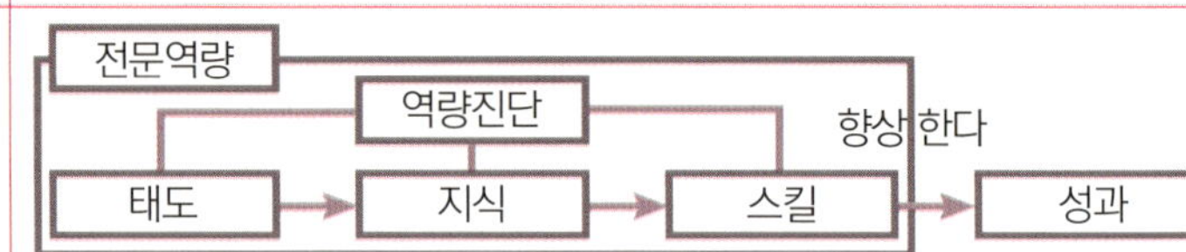
</td></tr>
<tr><td colspan="3">전문역량은 태도를 가지고 지식을 통해 스킬을 개발하는 활동이며, 역량진단으로 조정한다. 전문역량이 성과를 향상하는 일은 매우 중요하다. 태도, 지식, 스킬. 역량진단을 활용하여 전문역량의 이상적인 모습을 생각한다.</td></tr>
<tr><td rowspan="2">〈현상확인 Reality〉
· 과제 발생 영역, 범위의 명료화
· 바람직한 상태와 현재 상태의 차이 인식
· 자신에게 미치는 영향 확인</td><td colspan="3">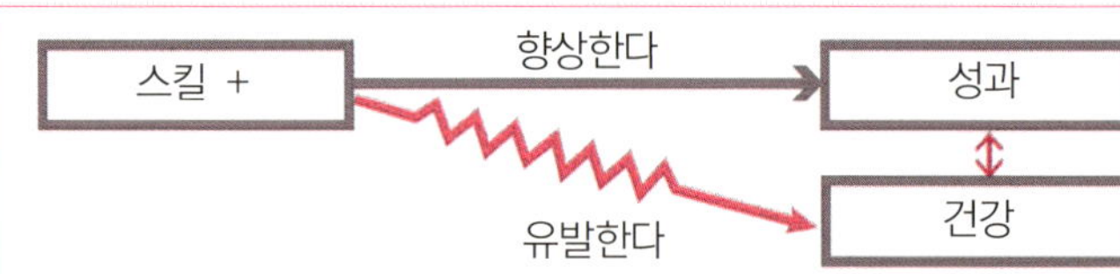
</td></tr>
<tr><td colspan="3">스킬로 성과를 향상해야 하는데, 건강을 해치는 문제가 발생한다.
〈순기능〉
〈역기능〉</td></tr>
<tr><td rowspan="2">〈대안설정 Options〉
· 실천 가능한 대안의 열거
· 실행 프로세스, 방법에 대한 점검
· 최적안의 선택</td><td colspan="3">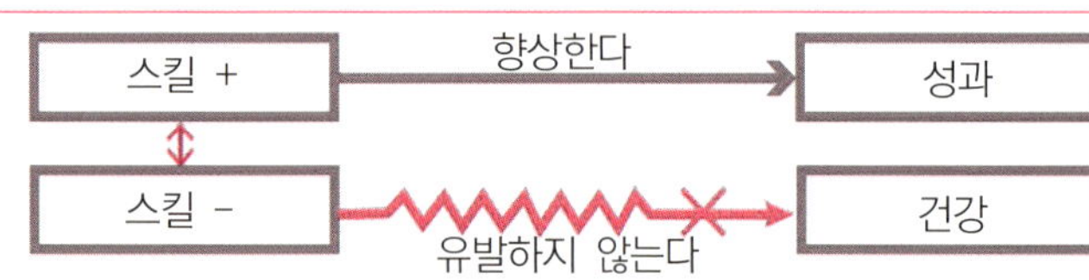
</td></tr>
<tr><td colspan="3">창의적인 해결책은 스킬을 제거하는 것이다. 문제의 원천인 스킬을 제거하는 것이다. 스킬이 없으면서 성과를 향상하고, 건강을 해치지 않는 방법을 찾는 것이다.
강력한 아이디어는 스킬이 있어야 하기도 하고, 없어야 하기도 한 것이다. 좀 더 현실적으로 스킬이 시간, 공간, 조건에 따라 있어야 하기도 하고 없어야 하기도 하다.
〈여러분이 생각하는 아이디어를 작성해 보세요〉
1) 시간분리
2) 공간분리
3) 조건분리
4) 부분분리</td></tr>
<tr><td>〈실천 의지 Will〉
· 실행계획에 대한 실천 의지 확인
· 실행시 예상되는 장애 요인
· 지원받아야 될 사항 확인</td><td colspan="3">〈여러분이 생각하는 실행계획을 작성해 보세요〉
1) 플랜A : 스킬은 있어야 하기도 하고, 없어야 하는 방법은?
2) 플랜B : 건강을 해치지 않으면서 성과를 향상하는 방법은?
3) 플랜Z : 전문역량을 할 수 없는 상황에서의 대안은?</td></tr>
</table>

<사례9> 역할은 있어야 하기도 하고, 없어야 하기도 하다

<table>
<tr><th colspan="4">Coaching Log</th></tr>
<tr><td>코칭시간</td><td></td><td>코칭장소</td><td></td></tr>
<tr><td>코치성명</td><td></td><td>고객성명</td><td></td></tr>
<tr><td>코칭 프로세스</td><td colspan="3">코칭활동</td></tr>
<tr><td>〈코칭목표 Goal〉
· 편안한 분위기 조성
· 코칭과제의 확인
· 코칭과제가 해결된 바람직한 모습</td><td colspan="3">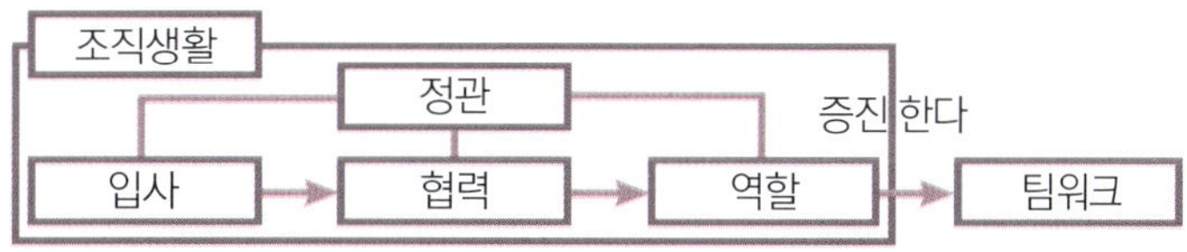

조직생활은 사람들이 조직에 입사해서 협력을 통해 각자의 역할을 이루어 내는 활동이며, 정관으로 관계를 조정한다. 조직생활이 팀워크를 증진하는 일은 매우 중요하다. 입사, 협력, 역할, 정관을 활용하여 조직생활의 이상적인 모습을 생각한다.</td></tr>
<tr><td>〈현상확인 Reality〉
· 과제 발생 영역, 범위의 명료화
· 바람직한 상태와 현재 상태의 차이 인식
· 자신에게 미치는 영향 확인</td><td colspan="3">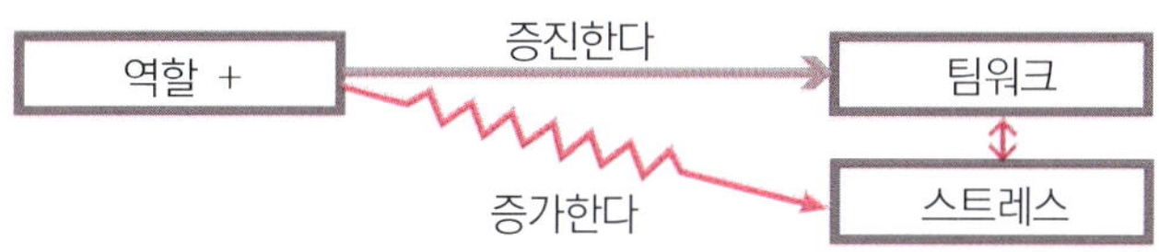

역할이 팀워크를 증진해야 하는데, 스트레스도 증가하는 문제가 발생한다.
〈순기능〉
〈역기능〉</td></tr>
<tr><td>〈대안설정 Options〉
· 실천 가능한 대안의 열거
· 실행 프로세스, 방법에 대한 점검
· 최적안의 선택</td><td colspan="3">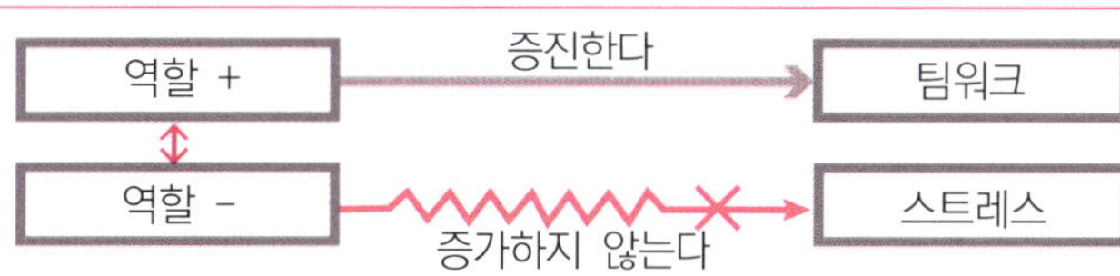

창의적인 해결책은 역할을 제거하는 것이다. 문제의 원천인 역할을 제거하는 것이다. 역할이 없으면서 팀워크를 증진하고, 스트레스를 증가하지 않는 방법을 찾는 것이다.
강력한 아이디어는 역할이 있어야 하기도 하고, 없어야 하기도 한 것이다. 좀 더 현실적으로 역할은 시간, 공간, 조건에 따라 있어야 하기도 하고 없어야 하기도 하다.

〈여러분이 생각하는 아이디어를 작성해 보세요〉
1) 시간분리
2) 공간분리
3) 조건분리
4) 부분분리</td></tr>
<tr><td>〈실천 의지 Will〉
· 실행계획에 대한 실천 의지 확인
· 실행시 예상되는 장애 요인
· 지원받아야 될 사항 확인</td><td colspan="3">〈여러분이 생각하는 실행계획을 작성해 보세요〉
1) 플랜A : 역할은 있어야 하기도 하고, 없어야 하는 방법은?
2) 플랜B : 스트레스를 증가하지 않으면서 팀워크를 증진하는 방법은?
3) 플랜Z : 조직생활을 할 수 없는 상황에서의 대안은?</td></tr>
</table>

<사례10> 자녀는 있어야 하기도 하고, 없어야 하기도 하다

<table>
<tr><th colspan="4">Coaching Log</th></tr>
<tr><td>코칭시간</td><td></td><td>코칭장소</td><td></td></tr>
<tr><td>코치성명</td><td></td><td>고객성명</td><td></td></tr>
<tr><td>코칭 프로세스</td><td colspan="3">코칭활동</td></tr>
<tr><td rowspan="2">〈코칭목표 Goal〉
· 편안한 분위기 조성
· 코칭과제의 확인
· 코칭과제가 해결된 바람직한 모습</td><td colspan="3">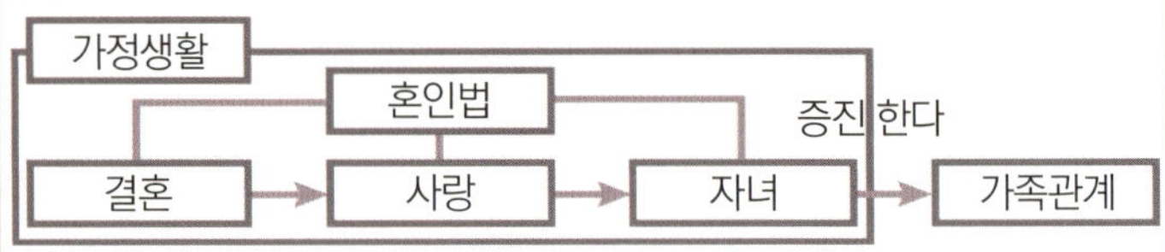</td></tr>
<tr><td colspan="3">가정생활은 남녀가 만나서 결혼을 하고 사랑을 통해 자녀를 낳아서 기르는 활동이며, 혼입법으로 조정한다. 가정생활이 가족관계를 증진하는 일은 매우 중요하다. 결혼, 사랑, 자녀, 혼인법을 활용하여 가정생활의 이상적인 모습을 생각한다.</td></tr>
<tr><td rowspan="2">〈현상확인 Reality〉
· 과제 발생 영역, 범위의 명료화
· 바람직한 상태와 현재 상태의 차이 인식
· 자신에게 미치는 영향 확인</td><td colspan="3">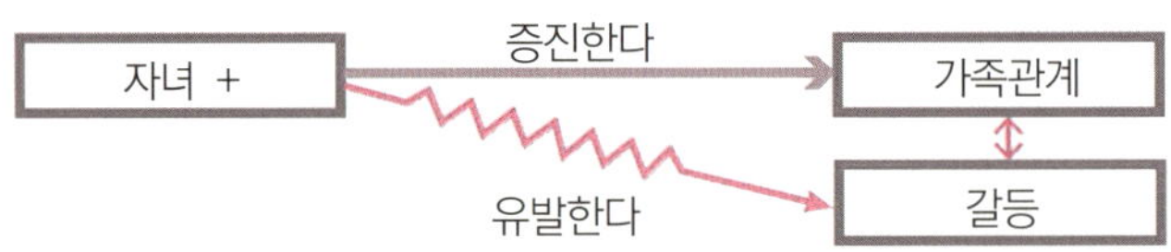</td></tr>
<tr><td colspan="3">자녀가 가족관계를 증진해야 하는데, 갈등을 유발하는 문제가 발생한다.
〈순기능〉
〈역기능〉</td></tr>
<tr><td rowspan="2">〈대안설정 Options〉
· 실천 가능한 대안의 열거
· 실행 프로세스, 방법에 대한 점검
· 최적안의 선택</td><td colspan="3"></td></tr>
<tr><td colspan="3">창의적인 해결책은 자녀를 제거하는 것이다. 문제의 원천인 자녀를 제거하는 것이다. 자녀가 없으면서 가족관계를 증진하고, 갈등을 유발하지 않는 방법을 찾는 것이다.
강력한 아이디어는 자녀가 있어야 하기도 하고, 없어야 하기도 한 것이다. 좀 더 현실적으로 자녀는 시간, 공간, 조건에 따라 있어야 하기도 하고 없어야 하기도 하다.

〈여러분이 생각하는 아이디어를 작성해 보세요〉
1) 시간분리
2) 공간분리
3) 조건분리
4) 부분분리</td></tr>
<tr><td>〈실천 의지 Will〉
· 실행계획에 대한 실천 의지 확인
· 실행시 예상되는 장애 요인
· 지원받아야 될 사항 확인</td><td colspan="3">〈여러분이 생각하는 실행계획을 작성해 보세요〉
1) 플랜A : 자녀는 있어야 하기도 하고, 없어야 하는 방법은?
2) 플랜B : 갈등을 유발하지 않으면서 가족관계를 증진하는 방법은?
3) 플랜Z : 가정생활을 할 수 없는 상황에서의 대안은?</td></tr>
</table>

트리즈코칭
7W 질문모델

지금까지 20여 년간 트리즈를 강의하거나 컨설팅하면서 트리즈가 어렵다는 사람들을 많이 만나게 되었다. 물론 필자도 처음 트리즈를 배웠을 때 어렵다는 생각을 하게 되었다. 필자가 학교에 다닐 때는 세부 내용을 단계적으로 교육하던 시기였기 때문에 수업시간에 내용을 파악하기가 쉽지 않았다. 후에 필자가 기업에서 교육공학을 배우면서 학습방법에 대해서도 고민을 하게 되었다.

개인마다 학습 스타일의 차이가 있다는 것을 알게 되었다. 어떤 사람은 전체를 먼저 공부하고 나중에 부분을 공부하는 스타일이고 어떤 사람은 부분을 먼저 공부하고 전체를 나중에 이해하는 스타일이어서 사람마다 차이가 있다는 것이다. 물론 지능이 높은 사람은 전체와 부분을 동시에 이해하는 사람이 있을 것이다. 필자의 경우는 각 부분을 이해하는 것이 어려워서 전체를 먼저 이해하고 각 부분을 이해하는 방식이다.

필자는 누구나 쉽게 트리즈를 이해할 수 있도록 설명하는 방법이 있으면 좋겠다고 생각했다. 그래서 두 가지 방식으로 구분하여 설명하기 시작했다. 먼저, 세상에는 일반적으로 변하기 어려운 부분이 있을 것이다. 이를 고정변수라고 하면 될 것이다. 고정변수는 사람(who), 시간(when), 공간(where)이라고 생각했다. 다음으로 세상에는 계속적으로 변하는 부분이 있을 것이다. 이를 변동변수라고 하면 될 것이다. 변동변수는 개념(what), 방법(way), 원인(why)으로 생각했다.

엄밀히 말하면 세상에는 변하지 않는 것이 없다. 원자단위로만 분석해 보아도 변하지 않는 것은 없다. 그러나 인간의 생활을 중심으로 보면 고정변수와 변동변수로 구분할 수 있을 것이다. 고정변수와 변동변수를 통합하여 인간의 관점에서 잘하려면(well) 어떻게 하면 되는가? 를 고민하여 정리해 보았다.

<7W 모델>

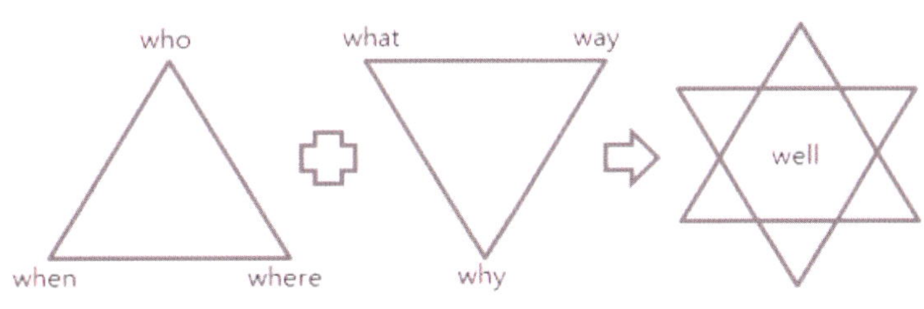

위에서 설명한 일곱 가지 W로 시작하는 단어를 모아서 7W 모델이라고 명명하고, 단계적으로 설명하려고 한다.

1. Who 트리즈는 누가 사용하나요?

트리즈는 누가 사용하나요? 는 트리즈에 관심을 갖게 되면서 누가 만들었으며, 전문가들은 누구인지, 그리고 나도 전문가로 성장할 수 있는지에 대한 성장 질문이라고 할 수 있다.

트리즈는 알트슐러라는 사람에 의해 개발되었다. 알트슐러는 1926년에 태어나서 1998년에 사망했다. 알트슐러가 사망하던 해에 필자도 한국에서 트리즈를 접하게 되었다. 어떤 상황에서 본인 스스로 의미를 부여하면서 인생의 성장계획을 세우게 된다. 필자도 트리즈를 공부하면서 인생의 새로운 의미를 찾게 되었다.

알트슐러는 14세 되던 해에 스스로 잠수경 관련 특허를 내는 등 발명에 관심을 갖고 계속 공부하였다. 그러다가 20세가 되면서 군대에 입대하게 되었다. 군대에 입대하면서 남자들은 사회생활을 시작하게 된다. 알트슐러는 군 생활을 바쿠에 있는 해군기지의 특허담당자로 시작하였다. 군대에서 자신의 주특기를 살리는 것이 얼마나 중요한지를 알트슐러는 우리에게 보여주고 있다. 필자도 군대에 입대할 때 고민을 많이 하였다. 그래서 기계공학 주특기를 살릴 수 있는 공군기술병으로 입대하였다. 그러나 인생은 상황에 따라 변한다는 것을 그때 체험하게 되었다. 입대 후 신병 교육을 받던 중에 신체검사를 하는데 필자의 치아의 상태가 일상생활에는 지장이 없으나 공군 기준으로 보면 충치 등의 문제가 있어서 치료 후에 다시 입대하라는 명령을 받고 신병교육대에서 퇴소하였다. 그러나 얼마 후 육군에서도 입대 영장이 발급되었다. 충치 치료 후에 공군을 갈 것인가? 바로 육군을 갈 것인가? 고민하다가 육군을 선택하게 되었다. 이런 고민이 2가지를 동시에 결정할 수 없는 모순상황이라고 생각하면 된다.

알트슐러는 해군 특허담당관으로 군 생활을 하면서 발명의 결과물인 특허를 비교하게 되었다. 어떤 특허들은 가치가 있는 기술이고, 어떤 특허들은 가치가 없는 기술이라는 것을 알게 되었다.

여기서 우리는 창조적인 사람과 아닌 사람의 차이가 나타나게 된다. 창조적인 사람은 두 가지 이상의 결과물을 비교하여 공통점과 차이점을 찾아내는 능력이 있다. 여기서 얘기하는 공통점과 차이점은 창의성의 중요한 개념이 된다. 이 공통점과 차이점을 우리는 전문용어로 '패턴'이라고 한다.

알트슐러는 특허에서 특별한 패턴을 찾게 되었다. 그것이 바로 '모순'이다. 가치가 높은 특허들은 모순을 해결한 기술들이고, 가치가 낮은 특허들은 모순을 해결하지 못한 특허라는 것을 알게 되었다. 그래서 모순의 패턴을 기준으로 20만 건의 특허를 분석한 결과 그중 4만 건의 특허가 가치가 있다는 것을 발견하게 된다.

20만 건 중에서 4만 건이 가치가 높다는 것을 비율로 환산하면 20%의 특허가 가치가 높다는 것이다.

이탈리아의 경제학자인 파레토는 이탈리아 경제를 분석한 결과 20%의 부자들이 80%의 부를 가지고 있다는 것을 발견하게 된다. 그래서 만들어진 법칙이 '이대 팔의 법칙(20:80의 법칙)'이다. 경제 분야의 2:8의 법칙이 특허 분야에서도 그대로 적용된다는 사실을 필자는 알게 되었다. 물론 알트슐러나 파레토는 몰랐을 것이다. 필자는 경영학을 공부하면서 경제학 분야의 2:8의 법칙을 알았고, 트리즈를 공부하면서 특허 분야의 2:8의 법칙을 알게 되면서 공부하는 즐거움을 알게 되었다. 이런 공부를 융합 공부라고 한다. 전문분야를 넘어서 모든 분야의 공통된 법칙을 찾는 것이다.

알트슐러는 20만 건의 특허에서 추출한 4만 건의 특허를 해결책의 수준으로 분석한 결과 5가지의 수준으로 분류할 수 있었다. 5가지 수준을 누구나 이해하기 쉽도록 필자가 간단히 설명하고자 한다.

1수준은 기존 시스템의 일반적인 개선으로 수십 번 생각하면 되겠다. 여름에 더우니까 부채를 사용하는 수준이다. 알트슐러에 의하면 전체 특허의 32% 정도가 해당하였다. 이때는 그 분야의 일반적인 지식만 알면 된다.

2수준은 기존 시스템의 고유모순을 타협안으로 해결하는 개선으로 수백 번 생각하면 되겠다. 여름에 더울 때 외부로 이동을 해야 하니 접는 부채를 사용하는 수준이다. 알트슐러에 의하면 전체 특허의 45%가 해당하였다. 그 분야의 전문적인 지식을 알아야 한다.

3수준은 기존 시스템의 고유모순을 해결하면서 완전히 새로운 요소를 도입하는 혁신으로 수천 번 생각하면 되겠다. 여름에 더울 때 부채와 모터를 결합한 선풍기를 사용하는 수준이다. 선풍기가 기술적으로 발전하여 에어컨이 개발되었다. 알트슐러에 의하면 전체 특허의 18%가 해당하였다. 이때는 그 분야 외의 전문지식을 알아야 한다.

4수준은 기존 시스템과는 다른 원리를 사용하여 모순을 제거하는 혁신으로 수만 번 생각하면 된다. 여름에 더울 때 선풍기의 기본기능인 날개를 제거한 날개 없는 선풍기를 사용하는 수준이다. 무풍 에어컨도 이 단계에 속한다. 알트슐러에 의하면 전체 특허의 4%가 해당하였다. 이때는 기술의 패러다임을 넘어 과학지식을 알아야 한다.

5수준은 기존 시스템을 넘어 새로운 시스템을 발견하는 수준으로 일생을 바쳐 연구에 매진해야 도달할 수 있는 수준이다. 아직은 더운 여름에 사용할 수 있는 시스템이 개발되지 않았다. 알트슐러에 의하면 전체 특허의 1%가 해당하였다. 이때는 동시대의 과학지식 밖의 지식을 알아야 한다. 5수준을 발견한 과학자들은 그들 스스로 과학모순을 해결한 것이다.

최근에 한 번쯤은 '1만 시간의 법칙'이란 말을 들어봤을 것이다. 누구나 1만 번의 노력을 한다면 전문가로 성장할 수 있을 것이란 얘기이다. 트리즈의 수준으로 보면 4수준의 끝으로 보인다. 사람이 노력해서 할 수 있는 최고의 수준으로 파악할 수 있다.

알트슐러는 1946년부터 트리즈 방법을 개발하기 시작하여 1985년에야 비로소 완성에 이르게 된다. 그때 알트슐러 나이는 60세에 이른다. 그때는 보통 60세가 되면 은퇴를 하던 시기였기 때문에 알트슐러도 은퇴를 하고 트리즈의 지적재산을 제자들에게 물려주게 된다. 알트슐러가 트리즈를 개발한 1985년까지를 고전 트리즈 시대라고 한다. 이때부터 알트슐러의 제자들이 독자적인 방법으로 트리즈를 발전시켜 나간다. 이때부터 현대 트리즈의 시대가 열리는 것이다. 공교롭게도 1989년 소련연방이 무너지면서 알트슐러의 제자들이 유럽, 미국 등으로 이민을 가게 된다. 초기에는 프랑스로 간 코멘코를 중심으로 한 OTSM-TRIZ, 미국으로 간 즐로틴을 중심으로 I-TRIZ로 발전하게 된다. 러시아 내에서 아동심리학을 융합하여 NFTM-TRIZ도 생겨나게 된다.

필자는 트리즈를 처음 공부하는 사람에게 알트슐러의 고전 트리즈부터 공부하라고 권하고 싶다. (사)한국트리즈협회에서는 트리즈를 처음 공부하는 사람에게 알트슐러의 고전 트리즈를 압축하여 강의하고 있다.

그다음에 본인의 전문지식이나 업무환경에 따라서 응용 분야의 트리즈를 공부하는 것이 맞을 것이다.

응용 분야의 트리즈는 아동심리학과 융합한 NFTM-TRIZ, 인지심리학과 융합한 OTSM-TRIZ, VE/QFD와 융합한 I-TRIZ(IWB 소프트웨어), 품질개선과 융합한 USIT, 마케팅과 융합한 SIT, 연구개발과 융합한 WOIS, 트리즈의 과학기술 Data를 프로그램으로 개발한 GoldFire 소프트웨어, 비즈니스와 융합한 CREAX회사(creax 소프트웨어), 특허검

색과 융합한 FOS(특허 Data 활용) 등이 있다. 그리고 이번에 필자가 개발한 트리즈코칭이 있다. 다행히 필자는 위의 모든 분야의 융합된 트리즈를 배울 기회가 있었고, 다양한 트리즈의 융합된 방법을 배우는 동안 필자만의 전문영역의 트리즈를 개발하고자 하는 의욕이 생겼다.

트리즈는 앞으로도 응용할 분야가 많을 것이다. 디자인 트리즈도 고민하는 분들이 많다. 여러분들도 자신의 전문분야에 맞게 개발할 수 있다. 자신만의 트리즈를 개발하고자 하는 사람은 (사)한국트리즈협회로 찾아오면 도움을 받을 수 있을 것이다.

2. When 트리즈는 언제 사용하나요?

트리즈는 언제 사용하나요? 라고 질문한다면 단순히 시간을 얘기하는 것이 아니라 사용할 상황을 질문하는 것으로 볼 수 있다.

알트슐러는 기술혁신 트리즈에서 39가지의 상황에서 트리즈를 사용한다고 하였다.

1. 움직이는 물체의 무게(Weight of Moving Object)를 무겁거나 가볍게 할 때
2. 정지한 물체의 무게(Weight of Stationary Object)를 무겁거나 가볍게 할 때
3. 움직이는 물체의 길이(Length of Moving Object)를 늘리거나 줄일 때
4. 정지한 물체의 길이(Length of Stationary Object)를 늘리거나 줄일 때
5. 움직이는 물체의 면적(Area of Moving Object)을 넓히거나 좁힐 때
6. 정지한 물체의 면적(Area of Stationary Object)을 넓히거나 좁힐 때
7. 움직이는 물체의 부피(Volume of Moving Object)를 확대하거나 축소할 때
8. 정지한 물체의 부피(Volume of Stationary Oblect)를 확대하거나 축소할 때
9. 속도(Speed)를 증가하거나 감소할 때
10. 힘(Force)을 강하게 하거나 약하게 할 때
11. 압력(Stress or Pressure)을 높이거나 줄일 때
12. 모양(Shape)을 변형할 때
13. 물체의 안정성(Stability of Object's Composition)을 높일 때
14. 강도(Strength)를 강화하거나 약화할 때
15. 움직이는 물체의 내구성(Duration of Action of Moving Object)을 강화하거나 약화할 때
16. 정지한 물체의 내구성(Duration of Action of Sattionary Object)을 강화하거나 약화할 때
17. 온도(Temperature)를 높이거나 낮출 때
18. 밝기(Illumination Intensity)를 밝게 하거나 어둡게 할 때
19. 움직이는 물체의 소비 에너지(Use of Energy by Moving Object)를 증가하거나 감소할 때

20. 정지한 물체의 소비 에너지(Use of Energy by Stationary Object)를 증가하거나 감소할 때
21. 동력(Power)을 높이거나 줄일 때
22. 에너지의 낭비(Loss of Energy)를 줄일 때
23. 물질의 낭비(Loss of Substance)를 줄일 때
24. 정보의 손실(Loss of Ingormation)을 줄일 때
25. 시간의 낭비(Loss of Time)를 줄일 때
26. 물질의 양(Quality of Substance / Matter)을 증가하거나 감소할 때
27. 신뢰성(Reliability)을 높이거나 낮출 때
28. 측정의 정확성(Measurement Accuracy)을 높이거나 낮출 때
29. 제조의 정확성(Manufacturing Precision)을 높이거나 낮출 때
30. 물체에 작용하는 해로운 인자(Object Affected Hamful Factors)를 제거할 때
31. 해로운 부작용(Object Generated Hamful Factors)을 제거할 때
32. 제조의 용이성(Ease of Manufacture)을 높일 때
33. 사용의 편이성(Ease of Operation)을 높일 때
34. 수리 용이성(Ease of Repair)을 높일 때
35. 적응성(Adaptability or Versatility)을 높일 때
36. 장치의 복잡성(Device Complexity)을 높이거나 낮출 때
37. 제어의 복잡성(Difficulty of Detecting and Measuring)을 높이거나 낮출 때
38. 자동화 정도(Extent of Automation)를 높일 때
39. 생산성(Productivity)을 향상할 때

필자는 인생심리 트리즈에서 27가지의 상황에서 트리즈를 사용한다고 하였다.

1 재무활동의 현금흐름을 관리할 때
2. 영업활동의 현금흐름을 관리할 때
3. 투자 활동의 현금흐름을 관리할 때
4. 판매점 활동을 증가하거나 감소할 때
5. 쇼핑몰 활동을 증가하거나 감소할 때

6. 물류유통을 빨리하거나 늦게 할 때
7. 물적 자원을 확보할 때
8. 지적자원을 등록할 때
9. 인적자원을 채용하거나 육성할 때
10. 협력고객을 유입하거나 평가할 때
11. 사용자를 유치하거나 만족할 때
12. 바이어를 찾거나 신뢰 관계를 형성할 때
13. 위기대응을 하는 시기를 결정할 때
14. 관리시스템을 모니터링할 때
15. 운영 스킬을 확보할 때
16. 매출이 증가하거나 감소할 때
17. 원가를 관리할 때
18. 손익을 관리할 때
19. 제품을 개발할 때
20. 서비스를 개발할 때
21. 브랜드를 개발할 때
22. 자본을 증식할 때
23. 자산을 증감할 때
24. 부채를 관리할 때
25. 광고홍보를 확대하거나 축소할 때
26. SNS 활동을 증가하거나 감소할 때
27. 인적관계를 강화할 때

필자는 인생심리 트리즈에서 18가지의 상황에서 트리즈를 사용한다고 하였다.

1. 시간을 관리할 때
2. 경력을 개발할 때
3. 갈등을 해소할 때
4. 팀워크를 활성화할 때

5. 리더십을 발휘할 때
6. 직업성취를 높일 때
7. 조직을 관리할 때
8. 성과를 관리할 때
9. 의사소통을 확대하거나 감소할 때
10. 건강을 유지할 때
11. 자기개발을 확대할 때
12. 신념 가치를 발전시킬 때
13. 대인관계를 강화하거나 감소할 때
14. 영적 성장을 추구할 때
15. 금전을 획득하거나 관리할 때
16. 가족관계를 발전시킬 때
17. 생활환경을 개선할 때
18. 여가활동을 즐길 때

위에서 제시한 기술혁신 분야, 창업경영 분야, 인생심리 분야 외에도 다양한 분야에서 트리즈를 사용할 때가 있을 것이다. 여러분 스스로 언제 트리즈를 사용하면 좋을지에 대해 고민해 본다면 자신의 전문영역을 확보하는데도 효과가 있을 것이다.

3. Where 트리즈는 어디에서 사용하나요?

트리즈를 어디에서 사용하나요? 라고 한다면, 그 범위가 매우 넓게 분포될 수 있을 것이다. 어디에 있느냐는 얘기는 현실적인 공간이 될 수도 있고, 가상적인 공간이 될 수도 있다. 4차산업혁명의 핵심 키워드는 사이버 물리 시스템(CPS, Cyber Physical System)이다. 사이버 물리 시스템은 물리적 현실 세계에서 수집한 데이터를 사이버 세계에서 분석하여 다시 현실 세계를 제어하는 것이라고 할 수 있다. 물리적 현실 세계는 가정, 직장, 지역, 국가, 지구, 우주 등으로 생각할 수 있다. 사이버 세계는 컴퓨터 세상에서 프로그램으로 존재하는 가정, 직장, 지역, 국가, 지구, 우주 등으로 생각할 수 있다. 그러나 현실 세계와 사이버 세계를 연결하기 위해서는 현실 세계와 사이버 세계 사이에 의식세계가 필요하다. 현실 세계의 현상을 사이버 세계로 연결하려면 프로그램이 필수적이다.

최근 초등학생부터 코딩교육을 한다고 하는데, 코딩교육의 핵심은 '~을 하면, ~한다'라는 논리개념이 필수적이다. '사람은 양의 x축으로 1m만큼 반복하여 움직인다'라는 언어를 프로그램화하면 사람의 모양을 한 그림이 컴퓨터 화면에서 움직이는 모습을 볼 수 있다. 그러면 개발자는 사람의 모양, x축, y축, 거리 등의 기본개념을 알아야 한다. 이런 것을 구조화시키는 의식세계가 필요하다.

트리즈를 어디에서 사용하느냐고 한다면 가정, 직장, 지역, 국가, 지구, 우주에서 사용한다고 할 것이다. 그리고 물리 세계, 사이버 세계, 의식세계에서 모두 사용할 수 있다. 특히 공학기술 트리즈는 물리 세계에서 더욱 활발히 사용할 수 있다. 워라밸 트리즈는 의식세계에서 더욱 잘 사용할 수 있다. 창업경영 트리즈는 물리 세계, 사이버 세계, 의식세계를 연계하여 사업 성공을 위해서 더욱 잘 활용할 수 있다고 생각한다.

특히 트리즈는 사람들의 생각 수준을 높이는데 탁월한 효과가 있다고 생각한다. 그래서 대학과 기업에서 제일 많이 활용되고 있다.

먼저 대한민국의 대학에서는 공학인증 교육에서 트리즈 과목을 가르친다. 많이 활용되는 과목으로 창의 설계과목이 있다. 어떤 교수님은 한 학기 동안 창의 설계과목의 15주 기간 중 3~4주를 트리즈 과목으로 수업을 한다. 어떤 교수님은 창의 설계과목의 15주 기간 동안 모두 트리즈를 가르치기도 한다. 어떤 교수님은 방학 특강으로 2일~5일 기간 동안 트리즈를 가르치기도 한다.

필자는 공학 설계과목에서 한 학기 동안 트리즈를 가르치고 있다. 필자의 교수계획서를 참고하면 다른 학교에서 트리즈로 수업하는 데 도움이 될 것이다. 트리즈 교수계획서에 따라 수업하는 내용을 주별로 구분하여 보면 다음과 같이 생각할 수 있다.

번호	학습 목표	주요학습내용	비고
1	창의성의 다양한 방법을 학습한다.	창의성의 방법론, 창의성의 기술	
2	창의성의 첫 번째 열쇠인 시스템사고를 학습한다.	시스템적 사고	
3	창의성의 첫 번째 열쇠인 시스템사고를 학습한다.	경영의 발전	
4	창의성의 두 번째 열쇠 자원을 학습한다.	자원분석 : 시간 자원, 공간자원, 물질자원, 장자원	
5	창의성의 두 번째 열쇠 자원을 학습한다.	경영학의 핵심지식들: -SWOT -FIVEFORCE -CORECOMPETENCE -BLUEOCEAN -DESIGNTHINKING 등	
6	창의성의 세 번째 열쇠 이상성을 학습한다.	이상적 해결안,기업가정신	
7	창의성의 네 번째 열쇠 모순을 학습한다.	행정적 모순 : 전략/관리/운영의 단계, 관리의 프로세스	
8	창의성의 네 번째 열쇠 모순을 학습한다.	기술적 모순 : 2가지 구성요소 간의 모순상황 연구, 40가지 해결원리	
9	창의성의 네 번째 열쇠 모순을 학습한다.	물리적모순 : 1가지 구성요소의 내부모순 연구, 4가지 분리의 원리	
10	트리즈를 활용하여 경영의 문제를 해결하는 원리를 기술한다.	중간고사	
11	창의성의 기술을 학습한 소감을 공유하고, 실전 과제해결 프로세스를 기술한다.	창의적 사고 기술을 배운다는 것은	
12	실전 과제해결 프로세스에 따라 주어진 과제를 해결할 수 있다.	교수제시형 과제해결 및 발표	
13	실전 과제해결 프로세스에 따라 주어진 과제를 해결할 수 있다.	학생선택형 과제해결 및 발표	
14	과제해결 프로세스에 따라 과제의 결과물을 제시할 수 있다.	기말고사	
15	트리즈와 경영의 융합을 통해 본 4차산업혁명의 현실을 직시할 수 있다.	4차산업혁명과 트리즈 경영	

필자는 기계공학과, 생명화학공학과, 디자인학과에서 한 학기 동안 창의 공학 설계를 강의한 경험이 있다. 학과별 전공과목은 다르지만, 트리즈의 원리를 통한 사고방식의 개발에는 공통적으로 많은 도움이 된다는 것을 알 수 있었다. 필자는 기계공학을 전공했으므로 기계공학에 대해서는 어느 정도 전문지식을 공유할 수 있다. 그러나 생명 화학공학이나 디자인에 대해서는 전공을 하지 않았기 때문에 대기업에서의 다양한 프로젝트 경험과 지식으로 필요한 경우 새롭게 공부하면서 창의 공학 설계 과목을 가르치는 데는 별 어려움을 느끼지 못하고 있다. 여러분도 트리즈를 전문적으로 공부하여 원리를 이해하게 되면, 자신의 전공 분야를 넘어 다양한 분야에도 적용할 수 있을 것이다.

다음으로 기업에서는 신제품개발, 기술혁신, 생산 품질개선 등을 해결하기 위해서 트리즈를 활용한다. 1996년 LG전자에서 처음으로 도입한 이래로 1998년 삼성이 도입하였고, 2005년 포브스 잡지에 삼성전자의 성공요소로 트리즈를 사용한다고 알려지면서 트리즈는 전 세계적으로 도약하는 기회가 되었다. 2010년 포스코가 트리즈 대학을 설립하면서 트리즈의 대중화가 시작되었다. 대한민국에서는 2010년부터 대부분의 기업, 공공기관, 학교에 트리즈가 보급되었다.

필자도 대기업, 중견기업, 중소기업에서 트리즈 프로젝트를 수행한 경험이 있고, 현재도 트리즈 프로젝트를 수행하고 있다. 한국발명진흥회에서는 중소기업의 기술혁신을 위해 트리즈와 특허를 융합한 국가과제를 공모하고 있다. 전국품질분임조 경진대회 산업 분야에 트리즈 부분이 있으니 중소기업에서는 참여하면 도움이 될 것이다.

기업에서는 회사마다 도입의 방식이나 적용사례가 다르기도 하고, 적용된 결과가 사업에 직접적인 영향을 미치기 때문에 트리즈 프로젝트의 결과물은 대외비로 관리하는 것이 현실이다. 그래서 일부의 전문가들이 트리즈 사례가 없다고 해서 트리즈가 사용되지 않는 것으로 오해하는 경우가 종종 있는 것으로 안다. 트리즈의 기업사례는 개별적으로 차이가 있는 것으로 본 책에서는 언급하지 않기로 하였다. 그래도 트리즈의 기업 사례에 대해 관심이 있는 사람은 (사)한국트리즈협회서 운영하는 트리즈 연구회에 오면 한 번씩 기업사례에 대해 공유하고 토론하는 시간이 있으니 참고하면 좋겠다. (사)한국트리즈협회 홈페이지(www.triz.or.kr)를 방문하면 트리즈 연구회 활동이나 개략적인 사례들을 접할 수 있다.

4. What 트리즈는 무엇인가요?

트리즈는 무엇인가요? 라고 묻는다면 한마디로 '창의적 문제해결이론'이라고 답하면 된다.

누군가가 어떤 주제에 대해서 묻는다면 사실, 개념, 절차, 원리의 순서대로 얘기하면 된다. 우리는 학교에서 이런 공부를 안 해봐서 무슨 말인지 이해가 안 될 수도 있다. 트리즈에 적용해서 설명해 보자.

첫째, 사실이다. 트리즈는 '창의적 문제해결이론'이라는 것이 사실이다. 예를 들면 대한민국의 수도는 '서울'이다 와 같은 개념이다. 이런 사실을 평가한다면 단답형으로 낼 수 있는 문제이다.

둘째, 개념이다. 개념은 특성과 종류를 말한다. 트리즈는 어떤 특성이 있는가? 하면 특허를 연구하여 모순패턴을 찾아낸 방법이다. 트리즈의 종류는 행정적 모순, 기술적 모순, 물리적모순으로 분류할 수 있다.

행정적 모순은 원하는 것은 있으나 행정적으로 그것을 얻을 수 없는 상황의 모순이다.

취업은 하고 싶으나 행정적인 기준에 미달하여 취업을 못 하는 상황, 기술을 개발했으나 규제 때문에 제품화할 수 없는 상황 등 행정적 모순은 사회생활의 법 제도와 행정 기준으로 인해 나타나는 모순이다.

기술적 모순은 행정적 모순을 벗어나 원하는 것을 얻으려고 했을 때 또 다른 난관이 생기는 상황이다. 이런 난관을 트리즈에서는 원하지 않는 결과라고 한다.

결국, 원하는 결과와 원하지 않는 결과가 상호모순상황에 빠져서 이러지도 못하고 저러지도 못하는 상황을 말한다.

자동차의 속도를 높이려면 연비가 같이 높아진다. 자동차의 속도와 연비는 역의 상관관계에 놓이게 된다. 기존에는 이런 상황은 해결할 수 없다고 생각했는데, 트리즈가 보편화하면서 일반적으로 이런 역의 상관관계를 해결할 수 있는 길이 열렸다고 생각한다.

물리적모순은 기술적 모순과 같이 연동되어서 나타난다. 다만 기술적 모순은 결과값이기 때문에 눈에 잘 보이고, 물리적모순은 과정 값이기 때문에 눈에 잘 보이지 않아서 순서적으로 마지막에 놓이게 되었다.

기술적 모순에서 자동차의 속도를 높인다고 했는데, 이때 물리적 특성인 속력을 찾는 것이 필요하기 때문에 이름을 물리적모순이라고 지었다.

과학이나 공학을 공부한 사람은 벡터값과 스칼라값을 알 것이다. 필자가 공부할 때는 이런 내용이 전공지식이었지만, 최근에는 일반 상식으로 알려져 있다. 그래서 과학과 공학을 전공하지 않아도 된다.

자동차의 속도는 벡터값이고, 속력은 스칼라값이다. 벡터값은 방향과 에너지가 있기 때문에 결과 중심의 값이고, 스칼라값은 방향은 없고 에너지만 있기 때문에 과정 중심의 값이다.

결국, 물리적모순을 해결하기 위해서는 자동차의 속력에 관심을 갖는다. 속력은 단위 시간당 이동 거리를 계산하면 된다. 그래서 물리적모순은 단위시간 또는 이동 거리의 물리적 특성을 찾아서 해결하는 방법이다.

사람들의 개인적 취향에 따라서도 결과 중심의 사람들은 기술적 모순을 선호하고, 과정 중심의 사람들은 물리적모순을 선호하기도 한다. 따라서 기술적 모순이나 물리적모순을 둘 다 사용해도 되고, 자신이 선호하는 방식만 사용해도 된다.

또한, 기술적 모순은 상관관계 중심의 사고방식으로 표현하고, 물리적모순은 인과관계 중심의 사고방식으로 표현하기 때문에 두 가지를 모두 활용한다면 상관관계와 인과관계의 사고훈련에도 많은 도움이 될 것으로 생각한다.

필자는 트리즈를 직접 활용하면서 트리즈를 사용하는 사람들의 개별적인 선호도를 연구한 경험도 있기 때문에 이런 얘기를 할 수 있다.

셋째, 절차이다. 트리즈의 절차는 고전 트리즈에서는 9단계로 제시하고 있으나, 현대 트리즈에서는 전문분야별로 다양하게 제시하고 있다. 고전 트리즈의 9단계를 아리즈(ARIZ)라고 부른다. 아리즈는 알트슐러가 1946년부터 트리즈를 개발한 과정을 연구하여 1985년에 최종적으로 정리한 단계이다. 아리즈의 단계에는 절차와 주석이 함께 정리되어 있다. 여기서 말하는 절차는 일반적으로 알려져 있는 프로세스와 유사하고, 주석은 체크리스트와 유사하다. 대부분의 방법은 절차와 체크리스트가 따로 존재하는데 아리즈는 절차와 체크리스트가 같이 있다. 최근에 나오는 PMBOK 등의 방법론에는 절차와 체크리스트가 같이 있는데, 알트슐러가 1970년대에 이미 절차와 체크리스트를 같이 생각했다는 것이 놀라울 따름이다.

고전 트리즈의 절차인 아리즈는 다음과 같이 9단계로 이루어져 있다.

1단계 : 문제분석
2단계 : 문제모델 분석
3단계 : 물리모순과 이상적 최종결과의 정의
4단계 : 물질-장 자원의 동원과 활용
5단계 : 트리즈 지식베이스의 적용
6단계 : 문제 변경 혹은 교체
7단계 : 물리모순 해결방법 분석
8단계 : 해결 안의 활용
9단계 : 문제해결 과정 분석

넷째, 원리이다. 트리즈에서는 이상성, 자원, 모순의 세 가지 원리를 적용한다.

이상성(ideal final result)은 현재의 시스템이 미래로 발전하면서 나타나는 최종결과이다. 자동차의 이상성은 자동차가 없으면서 사람을 이동시키는 것이다. 이런 결과는 현실적으로 일어날 수가 없으므로 우리는 미래부터 역으로 생각하면서 현실을 발전시킬 수가 있다.

자원(resources)은 누구나 사용할 수 있는 시간 자원, 공간자원, 물질자원, 에너지자원을 말한다. 이런 자원을 활용하여 이상성을 높이는 것이 관건이다. 특히 기존 자원을 활용하면 비용을 최소화하면서 이상성을 높이는 결과를 가져올 수 있다.

모순(contradiction)은 말이나 행동이 서로 맞지 않는 것을 말한다. 논리학에서는 두 개의 개념 사이에 상반되는 관계를 말한다.

과거 중국 초나라에서 창과 방패를 파는 상인이 얘기한 상황이 모순상황의 일반적인 사례이다.

V. 트리즈코칭 7W 질문모델

어떤 상인이 '이 창은 예리하기로 어떤 방패라도 꿰뚫을 수가 있다. 그리고 이 방패의 견고함은 어떤 창이나 칼로도 꿰뚫지 못한다.'고 자랑하였다. 어떤 사람이 '자네의 창으로 자네의 방패를 찌르면 어떻게 되는가?' 하고 물었더니 상인은 대답하지 못하였다. 〈한비자 난일 난세 편〉

모순을 얘기하면서 서양 철학자 헤겔을 얘기하지 않을 수 없다. 헤겔은 모순 또는 모순이 존재하는 것이야말로 모든 진리의 가장 기본적인 규칙 또는 기준이라고 생각했다. 이러한 모순의 개념은 헤겔 철학의 근본적 방법으로서 '변증법'과도 관계가 깊다. 이른바 정, 반, 합으로 전개되는 변증법은 헤겔 철학에서 얘기하는 진리의 규칙인 모순이기 때문이다.

트리즈에서의 모순은 헤겔 철학의 기반 위에서 자연스럽게 발전된 방법이다. 이러한 진리의 규칙이 행정적 모순, 기술적 모순, 물리적모순으로 적용되었다.

5. Way 트리즈는 어떻게 사용하나요?

트리즈는 어떻게 사용하나요? 라고 한다면 지금까지 일반적으로 알려진 하우(how)를 생각할 것이다. 그러나 하우는 행동(Doing) 중심의 방법에 치우친 것이다. 필자는 행동 중심의 하우보다는 행동과 존재(Being)가 같이 포함된 웨이(Way)를 사용하여 보다 적극적인 차원에서 방법을 찾으려고 한다. 트리즈에서는 웨이할 수 있는 방법으로 다음의 세 가지 방법을 먼저 제시하고자 한다.

필자는 엘지에서 시작하여 다양한 기업의 혁신 활동을 진행하면서 웨이에 대해 관심을 갖고 프로젝트를 진행한 경험이 많다. 엘지 웨이 프로젝트를 수행할 때는 모토로라 웨이, 휴렛팩커드 웨이 등을 벤치마킹하였다. 웨이는 직무 행동을 포함하면서 사람들의 멘탈 모델까지 제시하고 있다.

트리즈에서는 가장 기본이 되는 방법으로 40가지 발명원리를 제시한다. 그다음으로 76가지 표준해를 제시한다. 마지막으로 아리즈(ARIZ)의 9단계를 제시한다. 이상의 세 가지 방법은 알트슐러가 순차적으로 개발하였다. 맨 처음 40가지 발명원리를 개발하였고, 그다음 40가지 발명원리를 포함한 76가지 표준해를 개발하였고, 마지막으로 앞의 두 가지가 다 포함된 아리즈를 개발하였다. 아리즈는 40가지 발명원리와 76가지 표준해를 포함하면서 사람들의 멘탈모델까지 정립한 최고의 방법론이라고 할 수 있다. 아리즈를 사용할 때는 시대적 상황을 반영하여 현대적으로 해석한다면 더욱 큰 효과를 볼 수 있을 것이다.

첫째, 40가지 발명원리이다. 40가지 발명원리는 서두에서도 밝혔듯이 4만 건의 특허에서 발견한 가치 있는 패턴을 얘기한다. 앞에서 우리는 40가지 발명원리의 각 항목에 대해서 이해를 하였으므로 좀 더 발전적으로 40가지 발명원리를 종합적으로 활용하는 방법에 대해서 이해한다면 도움이 될 것이다.

40가지 발명원리를 제품개발에 적용한다면 40가지의 제품개발 아이디어를 만들 수가 있다. 또한, 취업에 적용한다면 40가지의 취업 아이디어를 만들 수가 있다. 40가지 발명원리를 하나씩 공부하려면 시간과 노력이 많이 들기 때문에 노력을 최소화하기 위해서 40장의 카드를 만들어서 펼쳐서 공부하는 것이 효과적이다. 몇 가지 사례를 보면 이해하기 쉬울 것이다. 그리고 여러분도 본인이 원하는 주제에 대해 40가지 발명원리를 적용해 보기를 기대한다.

V. 트리즈코칭 7W 질문모델

알트슐러는 특허를 역순으로 연구하여 40가지의 원리를 발견하였다. 이 원리를 활용하면 어떤 문제에 대하여 40가지의 창의적 아이디어를 찾아낼 수 있다. 다음 장에서 분야별 40가지 원리를 소개하였으니 참고하면 될 것이다. 여기에서는 40가지의 원리 중 가장 많이 사용하는 순서를 나열해 보았다. 다양한 생각을 나열하는 것이 생각의 출발점이 될 것이다. 여러 가지 아이디어가 있을 때 현실적인 측면에서 빈도순으로 나열하는 것이 통계적 사고의 첫 출발점이라고 할 수 있다. 나열하는 수준에서 더욱 발전하려면 상관관계를 알면 될 것이고, 생각을 더욱 발전시키려면 인과관계를 알면 될 것이다.

35. 속성 변환(Parameter Change)
1. 분할(Segment)
15. 역동성(Dynamize)
13. 반대로 하기(Other Way Round)
3. 국소적 성질(Local Quality)
10. 선행조치(Prior Action)
22. 전화위복(Blessing in Disguise)
2. 추출(Take Out)
24. 매개체(Intermediary)
19. 주기적 작동(Periodic Action)
17. 차원 바꾸기(Another Dimension)
4. 비대칭(Asymmetry)
14. 구형화(Curve)
26. 복제(Copy)
25. 셀프서비스(Self Service)
23. 피드백(Feedback)
5. 통합(Merge)
16. 과부족 조치(Slightly Less, Slightly More)
18. 기계적 진동(Vibrate)
11. 사전 예방(Cushion)
40. 복합재료(Composite)

21. 고속 처리(Hurry)
31. 다공질 재료(Hole)
38. 산화가속(Enrich)
7. 포개기(Nested Doll)
28. 기계시스템의 대체(Mechanics Substitution)
8. 평형추(Counterweight)
36. 상전이(Phase Transition)
27. 일회용품(Cheap Disposable)
29. 공압식/유압식 구조물(Fluid)
34. 폐기 및 재생(Discard and Recover)
37. 열팽창(Thermal Expansion)
39. 비활성 환경(Calm)
30. 유연한 막 또는 얇은 필름(Thin and Flexible)
33. 동질성(Homogeneous)
6. 다용도(Universal)
12. 높이 맞추기(Remove Tension)
32. 색깔 변경(Color Change)
20. 유익한 작용의 지속(Continuity of Useful Action)
9. 선행 반대 조치(Prior Counteraction)

둘째, 76가지 표준해이다. 76가지 표준해를 이해하려면 먼저 물질-장 모델을 알아야 한다. 물질-장 모델은 문제분석기법이고, 76가지 표준해는 문제 해결기법이다.

Class 1. 물질-장 모델의 구축과 파괴(13개 표준해)

Group 1-1 : SFM의 합성

Group 1-2 : SFMs의 분해

Class 2. 물질-장 모델의 효율화(23개 표준해)

Group 2-1 : 복잡 SFMs로의 전이
Group 2-2 : SFM의 진화
Group 2-3 : 리듬 조화에 의한 진화
Group 2-4 : Ferro-Magnetic SFMs

Class 3. 슈퍼시스템이나 마이크로 시스템으로의 이행(6개 표준해)

Group 3-1 : Bi-System과 Poly-System으로의 전이
Group 3-2 미세수준으로의 전이

Class 4. 검출 및 측정에 관한 표준해(17개 표준해)

Group 4-1 : 측정/검출 대신에 시스템 변경
Group 4-2 : 측정시스템의 합성(Synthesis)
Group 4-3 : 측정시스템의 강화(Enhancement)
Group 4-4 : Ferro-Magnetic 측정시스템으로의 전이
Group 4-5 : 측정시스템의 진화

Class 5. 표준해를 적용한 기준(17개 표준해)

Group 5-1 : 물질(Substance)의 도입
Group 5-2 : 장(Fields)의 도입
Group 5-3 : 상태 전이(Phase Transition)의 활용
Group 5-4 : 물리 Effects의 활용
Group 5-5 : 물질 입자의 획득

셋째, 아리즈(ARIZ)이다.

1956년부터 개발하기 시작한 발명의 알고리즘이 1985년에 완성되었다. 그것이 ARIZ-85C이다. 아리즈는 "문제를 발명적으로 해결하기 위한 연산방식"이란 의미의 러시아어 머

리 문자〈А л г о р и т м(알고리듬-연산방식) Р е ш е н и я(레셰니아-해결) Н з о б р е т б т е л ь с к и х(이조브레따젤스키흐-발명) З а д а Н(자다취-문제)〉를 영어식으로 읽은 것이다. 모순을 분석하고 해결하기 위한 단계별 길잡이라는 의미이다. 영어로는 Algorithm for Solving Inventive Problems로 알려져 있다.

Part 1. 문제분석

불분명한 상황에서 문제를 명백하고 단순하게 기술하기 위함이다.

Part 2. 문제모델 분석

문제해결에 이용될 자원을 발견하기 위함이다. 자원은 공간이나 시간 혹은 물질과 에너지장들이 될 수 있다.

Part 3. 물리적모순과 이상성의 정의

이상적 결과의 이미지를 정형화한다. 그리고 이상적 결과에 도달하는 데 방해가 되는 물리적모순을 찾아낸다.

Part 4. 자원의 이용

작은 사람 모델 방법을 이용하여 모순의 개요를 작성한다. 그리고 존재하는 자원에서 유도된 물질을 사용하여 문제해결의 가능성을 검토한다.

Part 5. 지식기반의 사용

TRIZ의 지식자산인 표준해를 이용하여 물리적모순을 제거하는 가능성을 검토한다.

Part 6. 문제의 변환 혹은 재구성

전형적인 문제들은 물리적모순의 직접적인 제거를 통해 해결된다. 비전형적인 문제들은 문제의 의미변화, 초기한계의 제거, 심리적 관성의 제거를 통해 해결된다. 이러한 문제의 복잡성에 따른 정확한 이해를 통해 문제를 재구성하여 해결의 가능성을 검토한다.

Part 7. 물리적모순 제거의 검증

해결안의 품질을 검증하는 단계이다. 물리적모순은 '아무것도 없는 상태'가 가장 이상적 결과이다.

Part 8. 얻어진 답의 사용

탁월한 해결안은 다른 문제해결에도 도움이 된다. 얻어진 해결안의 자원을 가능한 한 많이 이용하는 것이다.

Part 9. 해답 경로의 분석

ARIZ를 적용하여 해결한 모든 문제는 개인의 창의성을 증진시킨다. 해결안의 풀이과정을 조심스럽게 해석하여 창의성을 개발한다.

6. Why 트리즈는 왜 사용하나요?

트리즈는 왜 사용하나요? 라고 질문한다면 생각의 수준을 높일 수 있는 획기적인 방법이기에 사용한다고 답할 것이다. 생각을 심층적으로 깊이 들어가도록 질문하는 것이기 때문이다.

왜? 라는 질문을 하면 기업 경험이 있는 사람들은 '5-why'를 생각할 것이다. 5-why는 도요타자동차에서 현장개선을 할 때 현장의 문제점을 해결하는 방법으로 활용하였고, 지금은 다양한 분야로 확대되어 활용되고 있다. 5-why는 어떤 좋지 않은 결과가 생겼을 때 원인을 찾아가는데, 5번 질문을 통해 원인을 찾아서 마지막에 나타난 원인을 근본 원인이라고 하고 그것을 해결하는 방법이다.

예를 들면

결 과 : 오후 시간에 잠이 온다.
원인1 : 밥을 많이 먹었기 때문이다.
원인2 : 위장의 작용이 느려졌기 때문이다.
원인3 : 혈류의 속도가 늦어졌기 때문이다.
원인4 : 심장의 작용이 느려졌기 때문이다.
원인5 : 뇌의 산소가 부족하기 때문이다.

원인5를 근본 원인이라고 한다. 그래서 오후 시간에 잠이 오면 뇌의 산소를 공급하기 위해서는 외부에 나가 잠시 산책하는 것이 좋다. 여기에 추가하여 사람들은 커피를 마시기도 한다.

그러나 5-why는 과거를 중심으로 원인을 찾아가는 방법이기 때문에 미래에 원하는 모습을 찾아내는 데는 한계가 있을 수 있다.

그래서 트리즈에서는 과거와 미래를 동시에 찾아내는 방법으로 나인 윈도즈(9-windows) 방법과 케카(CECA, Cause Effect Chain Analysis) 방법을 사용한다. 9-windows 방법은 거시적인 측면에서 전체의 모습을 이미지로 표현하는 데 효과적이다. 케카 방법은 미시적인 측면에서 핵심을 찾아내는 데 효과적이다.

트리즈를 사용하는 이유를 나인 윈도즈 방법과 케카 방법으로 알아보자.

먼저 9-windows 방법은 아홉 개의 창을 통해 세상을 바라보는 관점을 통해 원인을 찾아내는 방법이다. 아홉 개 창의 한 축은 시간 축이고, 다른 한 축은 공간 축이다. 시간은 과거, 현재, 미래로 구분하여 현재 시점을 기준으로 언제를 과거로 하고 언제를 미래로 할 것인지를 결정하면 된다. 공간은 상위시스템, 현재 시스템, 하위시스템으로 구분하여 현재 시스템을 기준으로 어디까지를 상위시스템으로 하고 어디까지를 하위시스템으로 할 것인지 범위를 결정하면 된다.

트리즈를 현재 시스템으로 결정하면 트리즈의 과거는 1946년 알트슐러가 트리즈를 처음 시작한 때가 과거 시간이 된다. 트리즈의 과거 시간을 구분하면 1946년 트리즈 시작, 1985년 고전 트리즈 완료, 1989년 러시아트리즈협회 설립, 2002년 한국트리즈협회 설립 등으로 구분할 수 있다. 우리는 한국에서 트리즈가 발전하기 시작한 2002년을 과거로 생각하자. 그러면 과거를 기준으로 한다면 미래는 2036년이 될 것이다. 그러나 미래전략을 수립하기 위해서는 보통 5년을 생각하는 경우가 많으므로 5년 뒤인 2024년을 미래로 생각해보자.

현재 트리즈를 시스템으로 생각한다면 상위시스템은 트리즈를 활용하는 교육시스템, 산업시스템, 직업시스템, 경영시스템 등으로 생각할 수 있다. 트리즈의 하위시스템은 40가지 발명원리, 4가지 분리원리, 표준해, 아리즈 등을 생각할 수 있다.

다음으로 케카 방법으로 트리즈를 사용하는 이유를 알아보자.

트리즈를 사용하면 창의적인 문제해결을 가능하게 한다. 창의적인 문제해결을 하면 원하는 것을 얻는 데 도움이 된다. 반면에 창의적인 문제해결을 위해서는 생각하는 에너지가 투입된다. 생각하는 에너지를 투입하기 위해서는 책을 읽거나 새로운 경험을 쌓아야 한다. 책을 읽거나 새로운 경험을 하기 위해서는 시간을 투입해야 한다.

이를 케카 방법으로 표현하면 다음과 같다.

<TRIZ가 잘 사용되지 않는 이유는?>

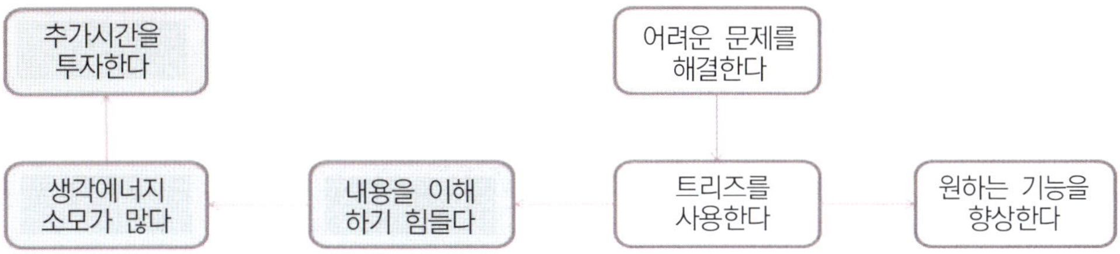

어려운 문제를 해결하는 가장 좋은 방법으로 트리즈를 사용한다. 그러면 원하는 기능을 향상하는 순기능이 있는 반면에 내용을 이해하기 힘든 역기능이 발생한다. 그래서 트리즈를 사용하기도 해야 하고, 사용하면 안 되는 물리적모순에 빠지게 된다.

결국, 트리즈를 사용하는 사람들은 내용을 이해하는 나름대로 방법을 알고 있거나, 생각에너지 소모를 적게 하거나, 추가시간을 투입한 사람들일 것이다. 이렇게 되면 의식의 수준이 높아지고, 원하는 것을 얻을 수 있는 방법을 스스로 찾을 수 있는 능력이 생기게 된다.

또한, 기업이나 학교 등 사회적인 차원에서 트리즈가 활성화되지 못한다면 그 이유는 무엇인가?

이러한 연구는 트리즈를 공부하는 사람이면 누구나 관심이 있는 주제이기 때문에 필자도 고민을 많이 해 보았다. 과거에 필자가 벨기에 트리즈 회사인 크레아엑스(CREAX) 회사에서 교육을 받았던 인식 맵(perception map)으로 작성해 보았다. 인식 맵은 현재 상황의 맵과 미래 상황 맵을 두 가지로 그려볼 수 있는 장점 이 있다. 본인이 현재 상황에 관심이 있다면 현재 상황 맵을 그려서 문제해결을 할 수 있고, 미래 상황에 관심이 있다면 미래 상황 맵을 그려서 문제해결을 할 수 있다.

인식 맵으로 트리즈가 활성화되지 않는 원인을 분석하면 다음과 같다.

1. 러시아인들의 방법은 싫다
2. 저널이나 잡지 부재
3. 공급자 간의 싸움
4. 방법에 대한 신뢰도 부족
5. 공학/기술 중심
6. 내 문제에는 적용할 수 없다

7. 개인적 성공체험이 부족하다
8. 회사 문화로의 통합 부족
9. 학습 후 지속적 관리 부재
10. 실제 사례연구가 충분하지 않음
11. 너무 간단해서 내가 수준이 낮은 것처럼 보인다
12. 전통적인 방식을 고수한다
13. 모르는 것을 새로 배워야 된다는 두려움
14. 나와 TRIZ의 연관성 인식 부족
15. TRIZ 전문가들이 비즈니스를 이해하지 못함
16. 독자적인 방법을 찾고 싶다
17. TRIZ 전문가에 대한 나쁜 경험
18. TRIZ 확산의 한계치를 넘었다
19. 정립되지 않은 프로세스

<TRIZ가 잘 사용되지 않는 이유는?>

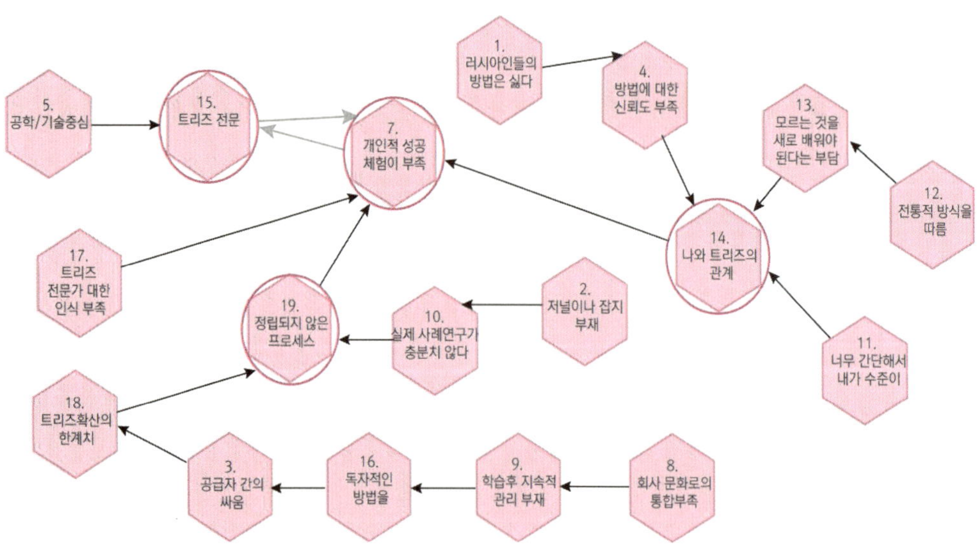

분석결과에서 핵심을 찾아내면 다음과 같이 나타난다.

7. 개인적 성공체험이 부족하다
15. TRIZ 전문가들이 비즈니스를 이해하지 못함
19. 정립되지 않은 프로세스

7번과 15번은 서로 상호모순의 관계를 나타낸다.

지금까지 왜? 라는 질문에 대해 부정적인 측면에서 다루어 보았다. 왜냐하면, 대부분의 사람들이 왜? 라고 하면 먼저 부정적인 생각을 하기 때문이다. 새로운 해결책을 찾아낸다는 것은 현실부정에서부터 시작되기 때문이다. 현실을 부정해야 새로운 미래를 창조할 수 있다고 믿기 때문이다.

한편으로는 긍정적인 측면에서 왜? 라는 질문에 답할 수도 있다. 트리즈를 왜 사용하는가? 를 긍정적인 측면에서 설명하면 다음과 같다.

사람들은 아는 분야에서 전통적으로 잘 알려진 방법으로 해결하는 경향이 있다. 그러고 나면 전통적으로 잘 알려진 방법을 적용하면서 복잡한 문제를 해결하고자 하는 욕구가 생긴다. 다음에 아는 분야의 지식에서 몇 가지의 특성들 간의 타협을 이루면서 해결하고 나면, 근원적인 개선을 이루고 싶은 욕구가 생긴다. 아는 분야의 지식에서 근본적인 개선을 이루는 실질적인 문제를 해결하고 나면, 실질적인 문제에서 과학적인 문제를 해결하고자 하는 욕구가 생긴다. 자신이 아는 분야를 넘어서 과학적인 지식을 활용하여 새로운 것을 개발하고 나면, 큰 발견과 새로운 과학적 성과를 이루고 싶어진다. 큰 발견과 과학적 성과를 이루고 나면, 자신의 새로운 과학적 성과를 다른 사람들이 활용하도록 제공하고 싶다. 과학적 성과를 이루고 그 결과로 인류발전에 공헌한다.

결과적으로 트리즈를 확산하기 위해서는 트리즈 전문가들이 비즈니스를 이해하여 트리즈를 배우는 사람들이 개인적 성공체험을 만들어 주는 것이 관건이라고 할 수 있다. 그리고 트리즈의 원리를 중심으로 가르치고 있어서 트리즈의 정립된 프로세스를 이해하는 데 어려움을 겪고 있는 것이 사실이다. 그래서 필자는 그로우의 4단계를 통해서 누구나 트리즈의 성공체험을 할 수 있도록 하였다. 나아가 30가지의 트리즈 사례를 제공하여 자신의 분야에 활용할 수 있기를 기대한다.

<TRIZ가 잘 사용하는 이유는?>

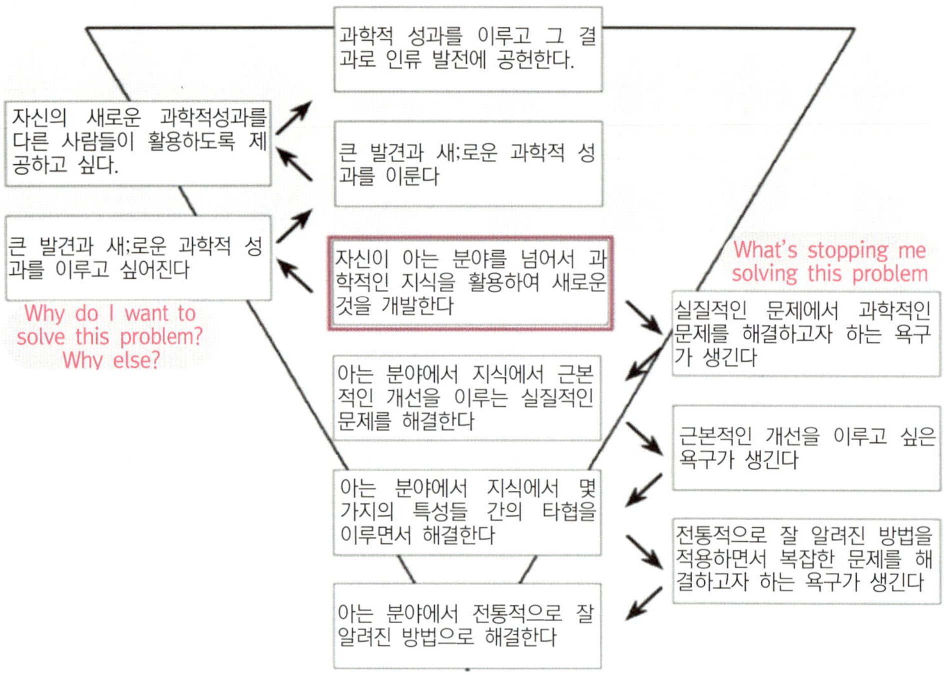

7. Well 트리즈를 잘 사용하려면?

트리즈를 잘 사용하려면 어떻게 하면 될까요? 어떤 이론이나 방법을 적용하려면 앞에서 설명한 6W를 생각하면 답이 나올 것이다. 그리고 어떤 이론이나 방법도 사람이 공부하고 사용하는 것이다. 그래서 트리즈를 잘 사용하려면 사람의 특성에 대한 연구가 필요하다.

실제 트리즈를 적용한 사례들은 정말로 많이 있으나, 기업의 사례들은 내부 보안이라는 미명 아래 오픈하지 않는 것이 많기 때문에 트리즈를 이해하기 어려울 것이다. 1996년 oo 기업이 국내 최초로 트리즈를 적용한 사례를 국내에서는 오픈하지 않고 일본에서 오픈하였다. 다분히 국내 경쟁사를 의식한 행동이다. 다른 기업들도 유사한 경우가 많다. 외국 논문에는 발표하고 국내 논문에는 발표하지 않는 현상이 발생하고 있다. 그래서 어떤 교수님들은 외국에 발표한 사례들을 역으로 국내에 소개하는데, 그 일만 해도 뛰어난 분으로 인식하고 있다. 사실 이런 이유들 때문에 국내 교수님들이 독자적인 연구에 소홀히 하는 경우가 발생하고 있다.

1998년부터 미국 노동부에서는 직무능력 중심의 인재를 채용할 때 활용할 수 있도록 능력요건을 구체적으로 정리하였다. 이를 K, S, A, O라고 한다. 어떤 일을 하려면 Knowledge(지식), Skill(스킬), Ability(능력), Other Characteristics(다른 특성)를 가져야 한다. 그러나 K, S, A, O는 직접적으로 관찰되지 않기 때문에 측정하기 어려우며, 직무활동의 결과로 측정할 수 있기 때문에 직무의 성과를 가지고 있어야 하는 문제가 생긴다.

- Knowledge(지식) : 특정 직무를 성공적으로 수행하기 위해서 알아야 할 것(개념, 절차 등)
- Skill(스킬) : 특정 직무를 수행할 때 개인의 숙련 수준
- Ability(능력) : 특정 직무를 수행할 때 상황에 따라 결과를 만들어 내는 것
- Other Characteristics(다른 특성) : 위의 세 가지 이외에 필요한 모든 것. 성격, 자질, 자격 등

한국에서는 2015년 한국산업인력공단에서 사람의 업무 능력 및 기술능력을 확인할 수 있는 NCS라는 인재채용제도를 만들어서 공기업을 대상으로 시작하였으며, 2016년 300개 공공기관으로 확대 적용하고, 2017년부터 모든 공공기관에 적용하고 있다.

그 이후 은행권과 중소기업을 중심으로 NCS는 더욱 확산되고 있다. NCS에서는 직무능력 중심의 인재를 채용할 때 활용할 수 있도록 능력요건을 정리하였다. 이를 K, S, A라고 한다. Knowledge(지식), Skill(스킬), Attitude(태도)를 가져야 한다. NCS 기반의 채용에서는 적합한 인재를 스펙이 아닌 KSA를 중심으로 선발하고 있다. NCS(www.ncs.go.kr)에서는 직무에 요구되는 역량을 KSA로 구분해 체계화하여 정보를 제공하고 있다. 필자는 NCS에서 제공하는 KSA에 종합적인 C(Competency)를 추가하여 사용하고 있다.

- Knowledge(지식) : 특정 직무를 성공적으로 수행하기 위해서 알아야 할 것(개념, 절차 등)
- Skill(스킬) : 특정 직무를 수행할 때 개인의 숙련 수준
- Attitude(태도) : 어떤 일이나 상황에서 대하는 마음가짐 또는 입장
- Competency(역량) : 지식, 스킬, 태도를 종합하여 성과에 연계시키려는 차별적 행동

물론 NCS 이전에 대기업에서는 이미 직무역량을 개발할 때 지식, 스킬, 태도를 구분하여 교육 프로그램을 개발하였다. 필자의 경우에도 90년대 초반 대기업에서 교육 프로그램을 개발할 때 교과목의 내용을 지식, 스킬, 태도로 분류하여 교육내용을 구성하였다. 그 후 90년대 후반부터 채용에서도 역량을 중심으로 선발하기 시작하였다. 90년대 후반에 대기업을 중심으로 역량모델을 개발하는 것이 중요한 프로젝트가 되었다. 기업의 역량모델은 채용뿐 아니라 교육, 평가 등 모든 HR(에이치알 Human Resources) 업무의 기준이 되었다.

여기에서 능력(Ability)과 역량(Competency)을 구분할 필요가 있다.

- 능력(Ability) : 결과를 이루려는 정신력, 체력 등 가시적으로 판단할 수 있는 행위
- 역량(Competency) : 지식, 스킬, 태도를 종합하여 성과에 연계시키려는 차별적 행동

미국에서는 왜 KSAO를 사용하고, 한국에서는 왜 KSAC를 사용하는지를 생각해보자. 이런 생각은 정답이 없는 것이다. 각자의 생각이 논리적이고 합리적이면 그것이 맞는 것이다. 다만 필자의 입장에서는 KSAO가 더욱더 합리적이라고 생각한다. 그러나 한국에서는 이미 1만 개 이상의 직무에 대한 KSDC 정보를 제공하고 있기 때문에 KSAC를 사용하고 있다.

축구선수가 있다고 생각하고 KSAC를 분류해보자.

- Knowledge(지식) : 축구의 구성요소, 축구 규칙 등
- Skill(스킬) : 순발력, 공간지각력, 페널티킥 차기, 프리킥 차기, 패스하기 등
- Attitude(태도) : 인내력, 소통력 등
- Competency(역량) : 복잡한 상황에서 골을 넣는 법, 반칙하는 상대를 피하는 법 등

영업사원이 고객관리를 잘해야 한다고 생각하고 KSAC를 분류해보자.

- Knowledge(지식) : 고객 정보, 개인정보 보호법, 고객 관계 관리이론 등
- Skill(스킬) : 데이터베이스 프로그램 활용하기, 고객 정보 추출하기 등
- Attitude(태도) : 정확성, 차별성, 공유하려는 태도 등
- Competency(역량) : 필요정보를 찾는 법, 데이터베이스 입출력법 등

교육훈련담당자가 교육과정을 기획한다고 생각하고 KSAC를 분류해보자.

- Knowledge(지식) : 인력육성체계, 교육설계, 환급 교육과정 운영 등
- Skill(스킬) : 교육과정 설계하기, 문서 작성하기, 환급 교육과정 운영하기 등
- Attitude(태도) : 기획력, 체계성, 조직가치 지향성 등
- Competency(역량) : 정부 지원사업의 적용 여부 판단 법, 교육과정설계서 작성법 등

그러면 트리즈에서도 적용해 보자.

- Knowledge(지식) : 자원, 이상성, 모순, 기능분석, 40가지 원리, 분리의 원리, 물질-장 모델, 76표준해, 아리즈 등
- Skill(스킬) : 9-windows 분석 스킬, 기능분석 스킬, 40가지 원리 활용 스킬, 분리의 원리 활용 스킬, 물질-장 모델 분석 스킬, 76표준해 활용 스킬, 아리즈 활용 스킬 등
- Attitude(태도) : 시스템사고, 창의적 사고, 설명력 등
- Competency(역량) : 자신의 성공사례, 트리즈 강의 잘하는 법, 독자적인 컨설팅 법 등

V. 트리즈코칭 7W 질문모델

트리즈 전문가들도 지식과 스킬은 뛰어나다고 생각한다. 그러나 태도 부분에 있어서는 의문이 생긴다. 태도는 사람의 성격을 표현하는 것인데, 성격은 앞에서 설명한 MBTI를 기준으로 자신의 스타일을 이해하고 강점과 약점을 확인하여, 강점은 강화하고 약점은 보완하는 것이 필요하다. 특히 최근에는 강점을 강화하는 긍정심리학의 확산으로 자신의 강점을 찾아서 개발하는 것이 효과적이다. 그리고 성과를 이루려는 역량에서 외부 트리즈 전문가들은 취약한 것이 사실이다. 성과를 이루어야 하는데 성과가 없기 때문이다. 성과는 결과를 전제로 하기 때문에 결과를 만들어야 그 결과 속에서 성과를 이룰 수가 있다. 필자의 경우에는 인사조직 분야의 직무를 담당한 경험이 있고 현재도 인사조직 분야에서 일하고 있기 때문에 인사조직 분야에 적용한 인생심리 트리즈코칭 사례를 정리할 수 있었다. 필자는 창업경영 분야나 기술혁신 분야에도 업무 경험은 있으나 직접적인 결과를 이루어 내는 담당자가 아니기 때문에 직접적인 결과를 이루어 내려는 담당자를 코칭하는 것이다.

이 책을 읽는 독자들도 자신의 분야에 트리즈코칭을 적용하여 사례를 작성해 보기 바란다.

필자가 한국산업기술대에서 강의할 때에 위에서 제시한 시간표를 K, S, A, C로 분류하여 정리해 보면 다음과 같다.

- Knowledge(지식) : 자원, 이상성, 모순 외 경영학의 핵심지식 등
- Skill(스킬) : 9-windows 분석 스킬, 40가지 원리 활용 스킬, 분리의 원리 활용 스킬 외 경영학 스킬 등
- Attitude(태도) : 시스템사고, 창의적 사고, 설명력 등
- Competency(역량) : 트리즈를 활용한 취업 코칭, 경영관리역량 등

이상과 같이 트리즈의 내용에 경영학 내용을 융합하여 강의하고 있다. 물론 기계공학과에서 강의할 때는 트리즈의 내용에 기계공학의 핵심지식과 스킬을 강의하고, 기계공학의 핵심과제인 공작기계개발 등 다양한 과제해결 방법을 학습한다.

여러분들도 트리즈를 잘 사용하려면 트리즈의 7W 질문모델을 이해하고, 일곱 번째 W인 well을 잘 이해하면 도움이 될 것이다. 마지막으로 트리즈코칭 양식을 활용하여 자신의 분야에서 트리즈 사례들을 만들어 보는 것이 중요하다고 생각한다.

epilogue

바야흐로 지금은 정보의 홍수 속에 다양성이 공존하는 세상으로 시대가 변하고 있다. 혹자는 과학자들이 태양계의 끝부분인 명왕성을 발견했을 때부터 인류가 차원 상승을 했다고 한다. 이제 태양계를 넘어 은하계로 생각의 폭이 넓어지고 있는 것이 사실이다. 정보의 양적인 측면에서도 지금까지 알지 못했던 너무나 많은 정보들을 실시간으로 알 수 있는 시대가 왔다. 이미 알려진 사실은 구글이나 네이버에서 검색하면 누구나 쉽게 결과를 알 수 있다.

그러나 이러한 정보들은 외부의 정보들이다. 외부의 정보는 평가하는 능력이 필요하고, 여기에 자신의 정보를 융합하여 새로운 정보를 만드는 능력이 있어야 할 것이다. 이런 능력을 갖춘 사람을 조직은 원한다. 지금은 대기업과 공공기관을 중심으로 한 취업시즌이다. 취업에서는 인성, 적성, 직무능력을 중심으로 전형을 시행한다. 인성은 인간의 성격을 진단하는 것으로 서류전형과 인성검사에서 결정되고, 적성은 필기시험에서 많이 다루게 된다. 직무능력은 면접에서 다루어지는 것이 일반적이다. 요즘 면접은 경험 면접, 상황면접, 발표면접, 토론 면접으로 이루어진다. 어렵게 취업을 하면 조직 내에서 승진을 위한 노력을 하게 된다. 세상의 모든 상황에서 일반적인 대화는 주제로 흐른다. 정치, 경제, 사회, 문화적인 것이 주제이다. 주제는 우리의 상황이기 때문에 내가 무엇을 한다면 주제를 과제로 전환해야 한다. 내가 무언가를 이루어야 한다는 것이다. 그것이 취업이요, 창업이요, 학업일 것이다. 과제를 수행하다 보면 어려운 상황이 발생한다. 즉 문제가 발생한다는 것이다. 처음부터 문제가 발생하는 경우는 거의 없다. 대체적으로 주제-과제-문제의 단계로 나타나게 된다. 이 책에서 제시한 바와 같이 주제는 전략적으로 과제는 전술적으로 문제는 전투적으로 해결하길 바란다.

끝으로 본 책을 집필하기까지 시간이 오래 걸렸다. 필자의 성격이 한 가지 분야의 전문성을 가지고 깊이 연구하는 것보다 다양한 분야에 관심을 갖고 깊이 있게 연구하다 보니 내용을 이해하는 데 시간이 오래 걸리게 되었다. TRIZ와 NLP는 거의 비슷한 시기에 공부하게 되었는데 벌써 20년이 지났다. TOC도 공부한 지 10년이 지났다. 코칭도 공부한 지 20년이 다 되어 간다. 필자가 이런 공부를 한 것은 학문연구보다는 방법에 대해 관심이 많았기 때문으로 생각된다. 그 외에도 도요타 방식, 6시그마, 액션러닝, 블루오션, 리엔지니어

링, BSC, 디자인싱킹, NCS 등 다양한 방법을 습득하였다. 이 책에는 이런 방법들의 개념이 모두 포함되었다고 할 수 있다.

그리고 이 책에는 필자의 의견뿐 아니라 많은 분들의 고견이 반영되어 있다. 먼저 (사) 한국트리즈협회 강일찬, 김기정, 김만수, 김봉균, 김영기, 김익철, 김형직, 김호종, 박성균, 송상기, 송용원, 안세훈, 유상민, 이정구, 정수연, 정찬근, 조성수, 조승호, 주재만, 허용점 이사님들과 박철우 감사, 최은영 사무국장께 감사한 마음을 전하고 싶다. 트리즈를 처음 접했던 보리스즈로틴, 알라주스만 마스터들께도 감사드린다. 그 후 트리즈를 배웠던 알렉산더 나루부트, 나탈리아 나루부트, 바실리 레냐신, 니콜라이 스파코프스키, 아나톨리 긴, 세르게이 이코벤코, 올레그 페이겐슨, 발레리 푸르신스키, 렌 카플란 등 트리즈 마스터들께도 감사드린다. 한국에서 함께 트리즈를 연구한 트리즈전문가포럼 회원들께도 감사의 말을 전하고 싶다. 특히 장시간 동안 트리즈를 함께 연구한 강병선, 박일우, 김중호 님께는 특별한 감사의 말을 전하고 싶다.

또한, 10여 년 전 트리즈 교육을 처음 시작할 때 교육생으로 참가한 엘지전자 창원혁신 전문가들, 중앙정부에서 트리즈의 강점을 강렬하게 느끼게 해준 통일부 과장님들, 산업통상자원부, 미래창조부, 교육부, 병무청, 특허청 과장님들께도 감사드립니다. 그 외 다양한 기업에서 트리즈를 적용할 때 함께 해 주신 여러분들께 감사드립니다. 한양대학교, 한국기술교육대학교, 순천제일대학교 외 한국트리즈협회와 MOU를 맺은 대학의 교수님과 담당자분들께도 감사드린다.

최근 한국에서 트리즈를 도입하고 발전하는 데 큰 공헌을 하신 두 분의 인물이 소천하셨다. 이민화 대표와 이경원 교수이다. 이민화 이사장과는, 주관하신 4차산업혁명과 기업가정신 강사과정에 동참하면서 트리즈의 확산을 함께 고민하였고, 이경원 교수는 LG전자에서 알고 지냈는데 나중에 트리즈 활동을 하면서 협력하게 되었다. 두 분에게는 깊은 애도의 뜻을 표한다.

마지막으로 이 책을 출간하는데 많은 지원을 해 주신 도서출판 GS인터비전 송기수 대표님과 원고를 꼼꼼하게 챙겨주신 편집부 직원 및 임직원 여러분에게도 진심으로 감사드린다. 그리고 끊임없는 응원으로 인생의 목적을 상기시켜주는 소중한 아내와 딸과 아들에게 고마움을 전한다.

참고문헌

[1] 겐리흐 알트슐러 저, 조형희 역, 1998, 발명의 과학 트리즈, 현실과미래
[2] 겐리흐 알트슐러 저, 박성균 역, 2002, 이노베이션 알고리듬, 인터비전
[3] 존 터닌코, 알라주스만, 보리스 즐로틴 공저, 한국트리즈협회 역, 2003, 체계적인 이노베이션, 한국트리즈협회
[4] Rantanen, Domb 공저, 김병재, 박성균 공역, 2005, 알기쉬운 트리즈, 인터비전
[5] 겐리흐 알트슐러 저, 박성균 역, 2006, 창의성은 과학이다, 인터비전
[6] Victor Fey, Eugene Rivin 공저, 박성균 역, 2007, 창의성 공학의 길잡이, 인터비전
[7] 김정선 저, 2008, 창조적 사고훈련 알고리즘 ARIZ, 마이구루
[8] 김효준 저, 2009, 창의성의 또 다른 이름 트리즈, 인피니티북스
[9] 한국트리즈협회 저, 2009, 비즈니스 트리즈, 교보문고
[10] DR ANATOLY GUIN 저, 2010, 창의성을 배우는 동화 어린이 TRIZ, 엘피스
[11] 겐리흐 알트슐러 저, editor 셀류츠키, 박성균, 윤기섭, 최윤희 공역, 2012, 40가지 원리, GS인터비전
[12] Nikolay Shpakovsky, Elena Novitskaya 공저, 강병선 역, 2012, 트리즈, 두양사
[13] 오경철, 안세훈 공저, 2012, 트리즈 마인트맵, 생각이 열리는 나무
[14] 송용원, 강승현 외 공저, 2014, 창의성의 기술, 써네스트
[15] Karen Gadd 저, 홍현필, 송수석, 전영록, 박성균, 최윤희 공역, 2015, 공학자를 위한 트리즈, GS인터비전
[16] 이종인 저, 2016, 다르게 보는 힘, 다산3.0
[17] 송용원, 김경모 외 공저, 2017, 창의적 문제해결이론 TRIZ, 한국표준협회 미디어
[18] 정남기 저, 2002, TOC 골든룰, 한언
[19] 엘리 골드랫 저, 이정숙 역, 2004, 한계를 넘어서, 동양문고
[20] 엘리 골드랫, 제프 콕스 저, 강승덕 역, 2008, 더 골 1, 동양문고
[21] 엘리 골드랫, 제프 콕스 저, 강승덕 역, 2008, 더 골 2, 동양문고
[22] 엘리 골드랫, 에프랏 골드랫-아쉬라그 공저, 최원준 역, 2010, 초이스, 웅진윙스
[23] 엘리 골드랫 저, 백승빈 역, 2011, 폴은 어떻게 재고관리 해결사가 되었을까, 웅진윙스

참고문헌

[24] 심교준 저, 2018, NLP:성공과 행복을 낳는 성취심리학 1, 씨앗을 뿌리는 사람
[25] 심교준 저, 2018, NLP:성공과 행복을 낳는 성취심리학 2, 씨앗을 뿌리는 사람
[26] 심교준 저, 2018, NLP:성공과 행복을 낳는 성취심리학 3, 씨앗을 뿌리는 사람
[27] 맥스 랜즈버그 저, 김명렬 역, 2003, 코칭경영의 도, 푸른솔
[28] 존 휘트모어 저, 김영순 역, 2007, 성과향상을 위한 코칭리더십, 김영사
[29] Peter Szabo, Daniel Meier 공저, 김은영 역, 2013, 해결중심 코칭, 학지사
[30] 이석재 저, 2014, 경영심리학자의 효과성 코칭, 김앤김북스
[31] 로버트 하그로브 저, 김신배 역, 2015, 마스터풀 코칭, 쌤앤파커스
[32] 핀 반 하우어 저, 조주섭 공저, 2017, 가치기준리더십, 제임스컨설팅
[33] 김정택 공저, 1994, MBTI와 가족이해, 한국심리검사연구소
[34] DAVID KEIRSEY 공저, 김정택 공역, 1999, 나의 모습 나의 얼굴, 한국심리검사연구소
[35] 이민화 저, 2016, 4차 산업혁명으로 가는길, KCERN
[36] 이민화, 박시온 공저, 2017, 하드웨어 스타트업, KCERN
[37] 이민화 저, 2017, 호모파덴스, 서울신문 KCERN
[38] KAIST 문술미래전략대학원, 이민화 공저, 2017, 대한민국의 4차 산업혁명, KCERN
[39] 이민화 저, 2018, 기업가정신2.0, KCERN
[40] 이민화 저, 2018, 공유 플랫폼 경제로 가는길, KCERN
[41] 이민화, 주강진 공저, 2019, 디지털 트랜스폼에서 스마트 트랜스폼으로, KCERN
[42] 이민화 저, 2019, 대한민국을 위하여, KCERN
[43] 김영갑 저, 2013, 창업성공을 위한 상권분석, 이프레스
[44] 알렉산더 오스터왈드, 예스 피그누어 저, 유효상 역, 2011, 비즈니스 모델의 탄생, 타임비즈
[45] 안성태 저, 2018, 스타트업 재무 특강, 니케북스
[46] 카를로 로벨리 저, 김현주 역, 2016, 모든 순간의 물리학, 쌤앤파커스
[47] 베르너 하이젠베르크 저, 유영미 역, 2016, 부분과 전체, 서커스
[48] 심백강, 이덕일 공저, 2016, 미래로 가는 바른 고대사, 미래로 가는 바른 역사협의회
[49] 요시다 루이 저, 황석형 역, 2017, 프로그래머처럼 생각하라, 제이펍
[50] 카를로 로벨리 저, 김정훈 역, 2018, 보이는 세상은 실재가 아니다, 쌤앤파커스
[51] 김지환 저, 2018, 분자사용설명서, 반니
[52] John Bird 저, 권기영 역, 2018, 최소한의 과학, 한빛아카데미
[53] 이찬복 저, 2019, 에너지 상식사전, MID

GROW MODEL을 활용한
트리즈 코칭

2020년 1월 20일 초판 인쇄

2020년 1월 30일 인쇄 발행

저　　자　박영수

발 행 인　송기수

발 행 처　도서출판 GS인터비전

편 집 처　도서출판 GS인터비전

인 쇄 처　더블비

등록번호　제 25100-2016-000050 호

I S B N　979-11-5576-317-9(93500)

주　　소 서울 은평구 증산로 15길 69 2층

전　　화 02-976-7898

팩　　스 02-6468-7898

홈페이지 gsintervision.co.kr

E-Mail gsinter7@gmail.com

정 가　19,000원